科学造假的
内在动因探析

梁 帅◎著

人民出版社

目　　录

第一章　绪　　论

本章主要是从科学史、科学哲学和科学社学会三个角度梳理了国内外关于科学造假研究的发展脉络，指出了本书的写作目的、研究方法和创新点，并在此基础上提出了本书写作的思路和框架。

一、问题提出的背景、研究目的与写作思路

大科学时代，科学技术的迅速发展，科学和社会一体化趋势愈来愈明显，使得科学成为社会发展的动力源泉。然而人们在享受科学带给他们的欢乐和方便的同时，科学也在其快速发展过程中出现了与这一和谐现象极不相符的造假现象，还有愈演愈烈的趋势。自20世纪80年代以来，科学造假这一研究课题进入学者的视野，现在虽已有大量的研究成果，但还是值得深入研究的。

（一）社会背景

随着人类进入大科学时代，科学作为促进社会发展的动力和源泉使得科学的社会功能越来越显著，社会对科学也愈来愈重视和关注。然而科学活动中出现的造假现象及其愈演愈烈的趋势，给科学界和社会带来危害，人们必须正视并正面应对这一严峻的问题。从20世纪初的英国辟尔唐人古化石造假事件到法国N射线事件，从美国冷核聚变实验的造假到贝尔实验室舍恩（Jan Hendrik Schon）的造假以及韩国黄禹锡的造假等事件，这

些无不触动着公众的神经，公众对科学界的信任度开始下降。与此同时，科学界中没有被曝光的造假事件还有多少，科学的可信度到底有多高，曾经以追求真理为己任的科学家为什么会造假等问题，一直成为人们关注的热点问题。频繁发生的科学造假事件不仅成为科学界关注的焦点，也成为世界性难题。自20世纪80年代以来，西方发达国家都针对科学造假构建防范和治理方面比较完备的体系，但是科学造假事件还是有增无减，这就说明了在大科学时代的今天，科学作为一种科学家谋生的职业已经与小科学时代默顿（Robert King Merton）所提倡的科学精神不完全符合，我们要转变观念，把科学当作普通职业的一种，将它从神坛上请下来，用客观公正的态度去对待它。

（二）研究目的与写作思路

写作本书的目的是希望能够借助科学哲学、科学社会学的理论工具再加上科学史的实证研究，来对科学造假发生的原因进行分析。通过对科学造假的败露机制进行详细系统的分析，尤其是通过对我国的李某造假案、美国冷核聚变实验造假案、英国辟尔唐人古化石造假案以及巴尔的摩事件被揭露的整个过程的详细介绍，总结出科学造假败露的一般机制，分析发生造假的动因，并在此基础上对科学造假的败露机制进行阐述分析，假的越"真"，败得越惨，从而给科学造假者以警示。同时对科学造假进行哲学反思，为什么理性科学家会作出科学造假的行为，指出利益冲突是科学造假出现的因素之一。利益冲突在科学活动过程中具体表现为科学实验过程中的利益冲突、科研合作过程中的利益冲突、科研成果发表过程中的利益冲突、科学评审过程中的利益冲突、科研奖励中的利益冲突以及社会承认过程中的利益冲突等。从对科学造假的哲学分析来看，对于科学造假事件，最重要的不是避免其发生，而是要把科学造假的发生率降到最低，减少其对科学界以及社会的危害，保证科学的顺利健康发展。

本书在借鉴国内外相关研究的基础上，把会计学中通用的词汇——造假移植到科学活动中，来取代科学中频繁出现的越轨、不端、失范和失误等现象，并对其内涵进行分析，比较它们之间的差别和使用范围，这样就能准确深入地把握本书中所要研究的科学造假行为。对于科学造假愈演愈烈的趋势，国内外学者一直在反思和分析这一问题的原因，但是不太全面，针对性不太强。本书通过实际案例分析，阐释了科学造假的动因。与此同时，对科学造假的败露机制进行了详细系统的分析，尤其是通过对一系列造假事件揭露的整个过程的详细介绍，总结出科学造假败露的一般机制，并给科学造假者以警示。在最后一章中，针对前面所提出的科学造假发生的原因对症下药，对科学造假进行哲学反思，从利益冲突视角分析理性科学家发生科学造假的原因。从利益冲突的内涵追根溯源，分析利益冲突与科学造假之间的内在联系，以及利益冲突在科学活动过程中的表现。本书采用了成因法和归纳总结的方法，具体问题具体分析，对科学家自身的原因和社会的原因进行了有针对性的分析。由此可知，科学造假并不可怕，尤其是在大科学时代从科学作为科学家的谋生职业的发展趋势来看，最为重要的是对其进行防控，减少其发生概率。这就是本书的研究思路。

二、国内外相关文献述评

科学造假问题已经成为学界比较热门的话题，备受关注。针对这一问题，不同的学者从不同的视角进行了研究和分析。特别是从科学史视角、科学哲学视角和科学社会学视角等对科学造假问题的成因进行分析，并提出相应的遏制和防治措施，这些为本书的写作奠定了理论基础。但是存在一些问题，如对科学造假的概念的界定等方面，尤其在对科学造假原因进行分析时，总是理论研究多，实证研究少，不能很好地做到理论研究与实证研究相结合，这样就降低了这一研究的说服力和针对性。本书在借鉴国内外相关研究的基础上，继续系统全面地对科学造假问题进行研究和分析，力图做到理论与实践相结合、科学哲学与科学社会学相结合。

（一）国外相关研究综述

1. 科学造假的本体认识：科学造假的概念、内涵

造假一词多出现于会计学中，我们移植到这里以科学不端或者科学越轨来研究。在国外最早提出"越轨"一词的是社会学家杜尔凯姆（Eacute mile Durkheim），而把"越轨"引入科学中的是美国科学社会学家默顿，并提出"失范"概念。默顿在《社会研究与社会政策》一书中认为："越轨行为是指明显地背离了与人们的社会地位相关的规范的行为"①。在默顿之后，其学生组成的默顿学派的成员，如加斯顿（Jerry Gaston）、哈格斯特龙（Warren O. Hagstrom）对越轨行为都有所论及，其中最为著名的是默顿的学生朱克曼（Harriet Zukeman）的研究，其在《越轨行为和社会控制》② 中，把科学界的越轨分为对认识规范和社会规范的违反两种，其中后者就是我们所说的科学欺骗，包括伪造、歪曲、消隐。

真正对科学社会学意义上的越轨行为进行研究是在 20 世纪 80 年代前后。在这之前，西方学者认为越轨行为就是弄虚作假、欺骗行为和剽窃行为。直到 1988 年《联邦登记手册》（Federal Register）在美国发布，"Misconduct in Science"这一概念出炉，即"在申请、研究和报告中作出编造、伪造和剽窃等违背科学共同体惯例的行为"③。1992 年美国国家科学院、工程科学院又将此定义具体化：科学活动中发生的以数据的编造伪造为特点的行为。④ 最后美国公共卫生局给出正式的定义中增加了"对科学共同体公认东西进行违背的行为，但是不包括那些诸如诚实性导致的对数据的错误解释

---

① ［美］罗伯特·K. 默顿著，林聚任等译：《社会研究与社会政策》，生活·读书·新知三联书店 2001 年版，第 80 页。
② Harriet Zuckerman, "Norms and Deviant Behavior in Science", *Social Science and Medicine*, 1984 (1).
③ Barbara Culliton , "Scientist Confront Misconduct", *Science*, September 10, 1988.
④ "Defining Misconduct, 'Opinion of Nature'", *Nature*, 1992 (30).

或判断"①。该定义经常被缩略为 FFP，这一定义现在被美国科学界广泛使用。随着大科学时代的到来，科学造假的形式和花样日新月异，不仅有科学家的造假，还有科学共同体的造假以及编辑和审稿人的造假。但以上定义范围狭窄、模糊，针对性不强，不能很好地鉴别和判断当前科学研究中出现的造假行为。

2. 科学造假的科学史视角（案例分析）

国外对科学造假案例进行描述和分析的著作主要有以下三本：霍勒斯·弗里兰·贾德森（Horace Freeland Judson）的《大背叛——科学中的欺诈》、威廉·布罗德（William Broad）和尼古拉斯·韦德（Nicholas Wade）的《背叛真理的人们——科学殿堂中的弄虚作假》、山崎茂明的《科学家的不端行为——捏造·篡改·剽窃》，它们都对历史上比较典型的、针对性比较强的、意义重大的真实案例进行了阐述。本书主要是围绕美国贝尔实验室舍恩造假案来寻找相关文献的。

上述这些文献尽管没有对科学造假发生的原因进行分析，但这些文献和材料为本书的写作提供了很好的素材。

3. 科学造假的科学社会学视角（科学造假的原因）

传统科学社会学家代表之一默顿认为科学越轨分为两类：一类是极端的表现，以非常规甚至是造假的方式来取得独创性的发现所带来的荣誉②；另一类是轻度的造假，主要是指偶尔的剽窃或者指责或者攻击他人具有剽窃的行径。③ 对于越轨发生的原因，他认为：在文化上大力强调对独创性发现的承认，使得那些出现频率很低的造假可能演变为频发性很高的略为超过规范的造假行为，而有时候，科学家并没有意识到他已经超出了可允许的界限。④

---

① Department of Health and Human Service, *Responsibilities of Awardee and Applicant Institutions for Dealing with and Reporting*, August, 1989.
② ［美］R. K. 默顿著，鲁旭东、林聚任译：《科学社会学》，商务印书馆 2003 年版，第 419 页。
③ ［美］R. K. 默顿著，鲁旭东、林聚任译：《科学社会学》，商务印书馆 2003 年版，第 424 页。
④ ［美］R. K. 默顿著，鲁旭东、林聚任译：《科学社会学》，商务印书馆 2003 年版，第 422 页。

再加上科学文化对独创性发现的过度关注和重视，以及科学家在实际的科学活动中作出具有独创性发现的艰难性，使得造假行为发生了。①

在介绍科学造假所带来的危害时，巴比奇（Charles Babbage）认为，"烹饪者［充其量］只是获得了一时的声望……而这却要以其永远声名扫地为代价"②。默顿认为科学造假行为非常稀少，很少发生，所以他对造假很少涉及。而朱克曼在《越轨行为和社会控制》③ 中把越轨分为对认识规范和社会规范的违反两种，其中后者就是科学欺骗，包括伪造、篡改和隐瞒资料，各种形式的剽窃，"教条主义"和学术垄断。

威廉·布罗德、尼克拉斯·韦德在其著作中分析了科学造假发生的原因，认为"当代科学的奖励系统和职业结构是促使舞弊发生的因素之一"④。美国学者约翰·齐曼（John Ziman）在《真科学——它是什么，它指什么》中认为，对金钱的欲望远远大于对科学可信度的欲望，而由此发生的竞争也就出现了先后之分。当今以科学作为职业的科学家们为了自身的生存和发展，他们大多数几乎是在外界的支持下以签订合同的方式来开展研究的，有时候甚至这些合同的获得或者是资金的资助本身就成为他们的一个重要目标。⑤ 日本学者山崎茂明在《科学家的不端行为——捏造·篡改·剽窃》中也对科学不端行为出现的原因进行了分析。

从对科学造假的原因分析来看，从默顿的科学社会学理论到以齐曼为代表的科学社会学理论，理论发展都是适应时代要求的，这些为本书提供了有价值的理论分析工具。但进入大科学时代，科学和社会的关系已经密不可分，需要理论与实践相结合、科学哲学与科学社会学相结合等全方位的方法

---

① ［美］R. K. 默顿著，鲁旭东、林聚任译：《科学社会学》，商务印书馆 2003 年版，第 441 页。

② ［美］R. K. 默顿著，鲁旭东、林聚任译：《科学社会学》，商务印书馆 2003 年版，第 423 页。

③ ［美］Harriet Zuckerman，"Norms and Deviant Behavior in Science"，*Social Science and Medicine*，1984（1）．

④ ［美］威廉·布罗德、尼古拉斯·韦德著，朱进宁、方玉珍译：《背叛真理的人们——科学殿堂中的弄虚作假》，上海科技教育出版社 2004 年版，第 70 页。

⑤ ［美］约翰·齐曼著，曾国屏、方玉珍译：《真科学——它是什么，它指什么》，上海科技教育出版社 2002 年版，第 92 页。

去探讨科学造假出现的原因，从而为科学造假防控机制的提出奠定基础。

（二）国内相关研究综述

1. 科学造假的概念、内涵（本体认识）

我国对科学造假的研究开始于20世纪80年代，其中以余三定先生的论文《新时期学术规范讨论的历时性评述》的发表为肇始，其后陈平原是较早关注学术界不端现象的学者之一。对科学越轨概念的界定，学者们的意见基本一致，但侧重点又有所不同。其中具有代表性的论文有：陈志凌、方放、肖沫香的《科研越轨行为及其防范》，樊洪业的《科研作伪行为及其辨识与防范》，史玉民的《论科学活动中的越轨行为》，张九庆的《科研越轨行为的界定与表现形式》，曹树基的《学术不端行为：概念及惩治》，吴寿乾的《科学研究中的不端行为及其防范》，等等。随着进入大科学时代，科学造假的表现形式多种多样，对其概念的界定要适应形势的发展而有所调整，以囊括造假的新花样，判断和应对不同形式的科学造假。

2. 科学造假的科学史视角（案例分析）

尤吉尼·塞缪尔·瑞驰在《科学之妖：如何掀起物理学最大造假飓风》中对舍恩造假案进行了详细的描述和分析。除此之外，所涉及的论文还有：Kenneth Chang的《关于科学造假及其捕获体系》、李虎军的《舍恩事件水落石出》、Garfield的《贝尔实验室专家神话破灭》等，这些都对舍恩造假事件进行了介绍。

这些文献是从科学史角度描述了科学造假案件的过程，没有从科学社会学角度和科学哲学角度来分析案件发生的原因以及防控措施。

3. 科学造假的科学哲学视角（利益冲突对科学造假的作用）

在中国，对科学活动中利益冲突的研究，包括对科学活动中利益冲突概念的界定、表现形式、具体分类等几个方面，主要论文有：赵乐静的《论科学研究中的利益冲突》，邱仁宗的《利益冲突》，曹南燕的《科学活动中的利益冲突》《科学研究中利益冲突的本质与控制》，魏屹东的《科学活动中的利益冲突及其控制》，张纯成的《科学活动中利益冲突的形式、诱因控制和防范》，文剑英、王蒲生的《科学活动中利益冲突的社会学视角》。周颖、王蒲生在《同行评议中的利益冲突分析与治理对策》[1] 中选取了科学活动中的同行评议这一环节来分析其中的利益冲突，包括这一活动中的概念界定、表现方式和具体分类等，还总结归纳了国外科学界针对同行评议中的利益冲突问题提出的对策和措施。王蒲生、周颖在《美国科研机构的利益冲突政策的缘起、现况与争论》[2] 中对美国解决利益冲突问题的政策出现的背景以及美国各机构解决利益冲突问题的政策进行了详细的介绍，得出结论：利益冲突已经严重影响科学和社会的发展，制定解决利益冲突问题的政策势在必行。阎莉、邢如萍的《审视巴尔的摩案——从利益冲突角度》[3] 一文通过对著名的巴尔的摩案从利益冲突角度进行的分析，指出造假案件中存在着多种利益冲突，并对今后类似的科学造假案件的防范提供了政策性建议。文剑英在《科学活动中的利益冲突》[4] 中对利益冲突是否要控制以及能不能根除进行了分析。当然也有学者对利益冲突有较为深入的研究，如魏屹东在《科学活动中的利益冲突及其控制》中就对利益冲突进行了详细的分析和阐述；文剑英和王蒲生《科技与社会互动视域下的利益冲突》对利益冲突的实质以及社会语境变化对其产生的影响进行了详细的阐述。

4. 科学造假的科学社会学视角（科学造假的败露机制）

对于科学造假的败露机制的研究，针对性的论文和著作不是很多，其中典型的有：石玮的硕士论文《试析我国的科学不端行为》[5]，对科学不端行为的发现模式进行了阐述，有方舟子发现模式、内部人发现模式、同行发现

① 周颖、王蒲生：《同行评议中的利益冲突分析与治理对策》，《科学学研究》2003 年第 3 期。
② 王蒲生、周颖：《美国科研机构的利益冲突政策的缘起、现况与争论》，《科学学研究》2005 年第 3 期。
③ 阎莉、邢如萍：《审视巴尔的摩案——从利益冲突角度》，《科学学研究》2007 年第 4 期。
④ 文剑英：《科学活动中的利益冲突》，《科技导报》2009 年第 23 期。
⑤ 石玮：《试析我国的科学不端行为》，上海交通大学硕士学位论文，2007 年。

模式和学生发现模式等四种，并对这四种模式进行了解析；裴伟廷的《科学实验中的逆流——伪实验》① 一文，介绍了鉴别和防止伪实验的方法，如重复实验法、过程检查法、理论判别法和相关文献研究法等。关于科学造假揭露机制方面的研究暂时在学术界探讨较少，但这又是一个非常重要的课题。如果没有解决好这一问题，杜绝造假就只能是纸上谈兵，不能很好地做到有的放矢。再加上缺乏有针对性的实证研究，这样对科学造假的研究就不能做到全面和完善。本书将通过对美国冷核聚变一案败露过程的解析来阐释科学造假的败露机制。

三、研究方法和创新点

（一）研究方法

本书在国内外研究的基础上对科学造假进行了界定，并通过造假案例的研究来进行原因分析和败露机制的研究，最后从科技哲学的视角——利益冲突，提出相应的防控措施。因此，本书主要的研究方法包括以下方面：

第一，资料调研方法。通过对国内外有关科学史、科学哲学以及科学社会学等学科领域的研究成果进行大量的调研，收集整理并归纳总结相关的文献，包括论文和书籍。虽然这些文献不系统不全面，有缺陷，但是为本书的写作奠定了理论和实证基础。

第二，历史研究方法。本书对国内外科学造假的历史状况和演化趋势进行了研究，为本书的写作提供了理论和史实依据。

第三，个案分析法。本书通过对美国著名实验室舍恩造假案进行解析，进而为科学造假的原因的分析和防控对策的提出奠定实证基础。

---

① 裴伟廷：《科学实验中的逆流——伪实验》，《科技导报》2000 年第 3 期。

第四，归因法。对于科学造假产生的根源进行了深刻的剖析，为后面相应防控措施的提出奠定基础。

（二）创新点

本书综合运用科学史和科学社会学的知识来对科学造假进行研究，主要创新点有以下几点：

第一，书中引进造假这一会计学词汇于科学活动中，并对造假与越轨、不端、失范和失误等词汇进行了区分，进而指出科学造假一词更适合当今愈演愈烈的不正之风。

第二，本书本着具体问题具体分析的原则，通过对科学造假案例的阐述来分析科学造假发生的原因，即用理论与实证相结合的方法对科学造假发生的原因进行了深刻的剖析。

第三，在科学造假败露机制方面，不仅借鉴西方的经验来启示中国该怎么做，而且通过对案例的分析，进而有针对性地提出揭露造假的方法，并从科学哲学的视角提出防控性的对策和措施，这样对包括中国在内的各国在判断、调查和处理科学造假案件中都有适用性。

第四，本书从科学造假的哲学视角——利益冲突，分析了科学造假的原因，并对利益冲突在科学活动中的表现方式进行了分类，最后指出可以通过利益冲突问题的解决来防止科学造假，并提出了具有预防性功能的公开政策、具有引导性功能的管理政策以及具有矫正性功能的清除政策。

第二章　科学活动中的造假

一、科学造假的含义

（一）国外对科学造假的诠释

在国外最早提出"越轨"一词的是社会学家杜尔凯姆，他指出，越轨是指偏离或违反社会共同体共同遵守的社会行为规范的行为。而把"越轨"引入科学社会学中的是美国科学社会学家默顿，并提出"失范"一词。默顿曾在《社会研究与社会政策》一书中指出："越轨行为是指明显地背离了与人们的社会地位相关的规范的行为。"[①] 在默顿之后，其学生朱克曼在其《越轨行为和社会控制》中，把越轨分为对认识规范和社会规范的违反两类，其中后者就是我们所说的科学欺骗，包括伪造、歪曲、消隐。[②]

在国外，越轨行为的社会学研究开始于 20 世纪 80 年代，比较正式或者说具有代表性的是《联合邦登记手册》（*Federal Register*）的颁布，美国政府在此手册中定义了"Misconduct in Science"，即在科学活动中的各个过程和程序中发生的伪造和剽窃等违背科学共同体惯例的行为。[③] 但是这个定义过于空泛，范围太宽，并不能给越轨行为以明确的界定。

---

① ［美］R. K. 默顿著，林聚任等译：《社会研究与社会政策》，生活·读书·新知三联书店 2001 年版，第 80 页。

② Harriet Zuckerman, "Norms and Deviant Behavior in Science", *Social Science and Medicine*, 1984 (1).

③ Barbara Culliton, "Scientist Confront Misconduct", *Science*, September 10, 1988.

1989 年，美国公共卫生局提出以科学不端行为代替科学越轨行为，并在此基础上增加了不包括科学家对实验数据进行解释和判断等诚实性错误的行为。① 由此可以看出，该定义更多考虑了科学不端行为的内容而忽视了其操作性和执行性，重理论而轻实践。

1992 年美国国家科学院、工程科学院和医学科学院将科学不端行为定义具体化为"只认同捏造、篡改和剽窃三种行为的做法"，使得其所包括的范围变得狭窄而不能囊括和覆盖科学活动中越轨行为之全部。② 所以这一定义仍然没有说明问题的实质性。

1996 年，美国国家科学与技术委员会对科学不端行为进行再次讨论，在各行各类专家意见和建议的基础上，给出定义：在科学活动的任何环节或程序中发生的以捏造、篡改或剽窃为特点的造假行为。并指出诚实的错误或观点差异不包括在内。这个定义在强化捏造、篡改和剽窃这三种行为的同时，还剥离了那些没有恶劣影响的诚实性的科研行为，这样在调查中就增加了判断的根据，进一步保证对不端行为判断的正确性与公正性，所以这一定义的明确性和清晰性使其更具有可操作性。③ 与此同时，我们要看到这一定义也具有其自身的弱点和缺陷，即具有一定程度的限制性，使得人们的研究深度和广度大大不如从前了。

于是在 2002 年，美国科技政策办公室又对科学造假给出了新的界定和内涵，即在科学活动中从课题的计划开始到结果的作出等一系列的环节和程序中，出现的以伪造、剽窃和篡改为特点的行为，又称之为"FFP"。在此之后，美国公共卫生局将科学造假界定为：在课题的申请、研究以及最后的发表过程中出现的对科学规范的违反行为，尤其是那些以伪造、篡

① Office of Research Integrity（2006 – 04 – 25/2007 – 07 – 23），*Former Scientific Misconduct Regulations – 42 CFR Part 50*，*Subpart a*：*May* 1989 – *May* 2005，http：//or. idhhs . gov/misconduc t/reg_ sub-part_ a Sh m，l.

② *Panel on Scientific Responsibility and the Conduct of Research*，*Responsible Science*：*Ensuring the Integrity of the Research Process*，Washington：National Academy Press，1992，Volume I，p. 27.

③ Office of Science and Technology Policy，"Federal Policy on Research Misconduct. 2000. Preamble for Research Misconduct Policy"，*Federal Register*，December，2007，65（235）.

改和剽窃为特征的行为。需要注意的是，有些行为不能包括在内，即对数据的处理过程中出现的诚实性的失误及偏见。这一定义在美国科学界被广泛使用。

（二）国内对科学造假的诠释

在中国，余三定先生在《新时期学术规范讨论的历时性评述》①中认为，对我国科学不端行为的研究和讨论最早可追溯到20世纪80年代，并分为三个阶段。陈平原先生是最早关注学术界不端现象的学者之一。在此之后尤其是从20世纪90年代中期开始，学界反对学术不端行为的呼声越来越强烈。对科学越轨行为的界定，学者们的意见基本一致，但侧重点又有所不同。其中代表性的论文有陈志凌、方放、肖沫香的《科研越轨行为及其防范》②，指出科学越轨行为即 Scientific Misconduct 或 Research Fraud，包括在科学活动中课题的立项、方案的实施、评议中对原始数据的捏造和篡改、对他人成果的剽窃以及不正当的宣布方式等具有欺骗性和隐蔽性的行为。

樊洪业在《科研作伪行为及其辨识与防范》③中，参照美国1992年的定义、诸多科学造假案例的分析以及我国的实际情况，对科学作伪，从科学界特有的承认和认可的角度出发进行定义。与美国的定义相比较，这一界定不仅限制了范围——科学研究过程和科学评价过程，而且还对研究者的造假意向进行了阐述。另增加了包括承认的种类，包括立项中的承认、论文发表中的承认以及科研成果奖励中的承认等，丰富了"科学共同体和社会的承认"的内容。

史玉民在《论科学活动中的越轨行为》④中指出，对越轨行为的评判标准有两个：一是科学规范或者说科学行为准则；二是价值观念，与之相适应，科学越轨就包括了思想越轨和行为越轨两类。

---

① 余三定：《新时期学术规范讨论的历时性评述》，《云梦学刊》2005年第1期。
② 陈志凌、方放、肖沫香：《科研越轨行为及其防范》，《科技导报》1993年第12期。
③ 樊洪业：《科研作伪行为及其辨识与防范》，《自然辩证法通讯》1994年第1期。
④ 史玉民：《论科学活动中的越轨行为》，《教育与现代化》1993年第4期。

综上所述，我们可以根据国内外对科学越轨界定的发展历史，将科学造假界定为：在科学界，包括研究人员和管理人员在内的所有科学活动者，在科学本身的研究过程中和在科学社会化过程中，通过不同的科研活动方式而违反科学规范的行为。

二、造假与越轨、不端、失范、失误的异同

造假在《辞海》中的意思是制造赝品或假象。在中国知网上搜索造假这一词汇，搜索结果大多数是和会计有关的做假账的论文，所以，造假一般多用于会计学中。在这里把这一词汇引入科学研究中，更能形象地描述科学界出现的违反科学规范的行为。

其实，科学造假、科学越轨、科学不端以及科学失范在现代科学界都是用来描述科研人员违背科学规范的行为，但是它们之间还是有细微的区别的，在这里作一区分是为了指出造假更适合用于描述科学界的违规行为。

其一，越轨一词在《辞海》中有两种意思。一种是指越出轨道。如《刘子·法术》说："登坂赴险，无覆轶之败；乘危涉远，无越轨之患。"后用来比喻不按常规或超出规章制度所允许的范围，如越轨行为。《北史·魏纪三·孝文帝》载："乃者人渐奢尚，婚葬越轨"。另一种意思是指社会学中对人们共同遵守的行为规范的违反。视具体文化而定，在一种文化看来是越轨，在另一种文化看来是正常。依程度轻重，分为违反风俗的行为、违反纪律的行为、违反道德的行为、违法行为、犯罪行为五个层次。在这里我们将越轨一词用于科学中，叫科学越轨，是根据第二种意思来界定的。

在科学活动中，对于广义上的科学越轨行为（Deviant Behavior），学者张九庆从三个方面对其进行定义：一是科学家对科学共同体规范之外的各种法律、道德和社会秩序的违背；二是科学家对科学共同体内部的各种科学方

法和科学精神的违背；三是对科学越轨处理过程中的违规行为。①

其二，不端在《辞海》中解释为不正派、品行不端。鲁迅《准风月谈·吃白相饭》载："或者诬人不端，或者赖人欠钱"。《说文解字》云：端，直也，正也。《现代汉语常用字字典》对"端"的解释是：本义为站得直。不端，在现代汉语的语意语境中有两种基本内涵：一是指人的品行不正经、不正直和不端庄；二是指行为不正直、心术不正端的人。

在科学界，科学不端行为也有广义和狭义之分。广义上的科学不端是指科学活动中的不道德行为。其主体包括科学活动的研究者、组织者、管理者等所有参与到科技事业中的个人和组织。其活动包括科学研究以及科学与社会互动过程中有意违反科学规范、科研道德和科学价值准则在内的社会规范、职业道德和行为准则的各类行为。狭义的科学不端就是专门指在科学活动中发生的违反科学共同体内部所公认的公共价值和学术规范的行为。

其三，失范在《辞海》中称为"脱序"。社会学名词。即无行为规范，或虽有行为规范，但不够明确甚至互相矛盾的社会结构或个人品质。该词为杜尔凯姆创用的，他认为失范与越轨的区别在于：前者是人的一种心理状态，后者是人的一种表现。"失范"，即 Anomie，从字面上看，就是"没有规范"，但更为常用的含义则是指规范和价值相互冲突而导致的规范处于弱势的一种状态。失范行为本是社会学术语，其主体包括社会个体及其组织，其行为包括对现有社会规范的偏离或违反。将这一定义引申到科学界中，主要指学者违背学术规范和道德规范所犯下的技术性过失。

其四，失误在《辞海》中有两种意思。一是指由于疏忽或水平不高而造成差错。如《水浒传》第八十一回："四更为期，不可失误。"另一种意思是过失、差错。如《汉书·梁平王刘襄传》载："更审考清问，著不然之效，定失误之法，而反命于下吏"。在科学活动中，科学失误是指科学家因自身原因包括能力等而发生的疏忽和错误，导致科学活动受到影响的一种

---

① 张九庆：《科研越轨行为的界定与表现形式》，《企业技术开发》2003 年第 4 期。

行为。①

　　总之，在科学界，科学越轨因具有社会学的内涵和意义而使其范围比科学不端更加广泛。科学失误和科学失范虽然与前两者在本质上都属于科学错误，都会给科学发展带来负面影响，但是它们与前两者的性质又有着本质的区别。科学失误常常是由于疏忽或过失而无意中犯错误，影响程度较轻较小；科学失范是因学者知识的缺乏或学术态度的不谨慎而出现的失误；科学越轨则是指有意犯错，明知错误的不良结果而有意制造错误，甚至是恶意地制造科学错误，企图不劳而获或少劳多获，使自己利益最大化，影响恶劣。所以我们这里所借用的造假一词是与越轨的范围相近的。即都是指广义上的科学违规行为，是大科学时代背景下的定义模式，是将科学与社会互动的全过程作为分析路径，重点关注的是科学社会一体化过程中出现的不正当的行为，甚至囊括了整个科学运转流程中出现的全部的不当行为。与此同时，造假比越轨更为清晰明了和大众化，更能直白地反映科学活动中不当行为的性质，在公众中更为通俗易懂。所以本书选择造假一词。

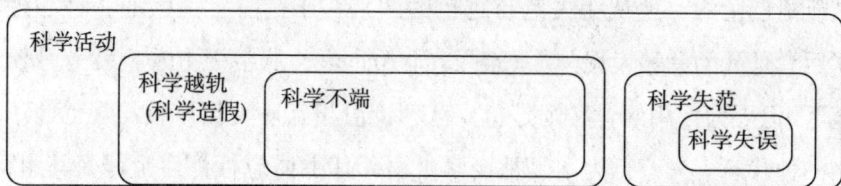

科学活动
科学越轨（科学造假）　科学不端
科学失范　科学失误

────────────

① 杜中臣：《论失误》，《学术论坛》2002 年第 2 期。

第三章 科学造假的成因分析

任何事物的产生、发展和灭亡都是内外因共同作用的结果，科学造假也不例外。这里我们将重点关注科学造假的外部诱因，即在大科学时代背景下，外部社会对科学活动的种种压力所导致的科学造假，从更为客观辩证的视角，分析产生这些问题的原因，为杜绝此类事件的再次发生提供全面的思路参考。在这一章中我们以舍恩造假事件、日本筑波市风车发电机造假事件等为例，归纳分析这些造假事件发生的社会动因，以便在今后的科学活动中总结经验教训，以促进科学的健康发展。

一、大科学时代科学与社会相互作用的基本特征

早在 1963 年，著名科学社会学家普赖斯（Derek John de Solla Price）就在其《小科学，大科学》① 中，系统描述了现代科研活动规模与日俱增的壮观景象。在大科学时代，科学与社会的关系日益紧密。

（一）科学对社会的渗透日益显著

在大科学时代，科学对社会的渗透无处不在，科学技术成为解决经济社会问题的重要支撑，也成为社会生产发展的动力源泉。全社会对科学的期望日盛一日，在这种全社会对科学近乎宗教般狂热迷恋和推崇之下，科学仿佛

---

① Derek John de Solla Price, *Little Science*, *Big Science*, New York: Columbia University Press, 1963.

成为这个时代新的"宗教"，凡事一旦被打上科学的标签，似乎就具有了某种绝对的真理性。

（二）科学对社会的依赖越来越强

在大科学时代，科学对社会的依赖主要表现为科学家对科研设备和资金的依赖。当今科学研究之昂贵有目共睹，除少数抽象思维的学科之外，绝大多数学科的科学家要想以科学为职业维持生存并获得成功，科研资金的支持是不可或缺的。这就意味着科学家必须迎合社会需求，无论这种需求来自官方还是民间，科学家首先需要完成的，不是科学的自由探索，而是投资方的项目要求。科学家必须在一个个科研周期内不断以其成果作为获得资助的交换条件。于是，科学资助也就不可避免地带有某种利益色彩，受到社会的影响和干涉。典型的如，一个科研项目从选题申请到论证再到最后的立项，都是由支持该项目的投资方最终决定，多数时候很难由科学机构或科学家来主导。这就意味着科学家在科研项目的选择以及成果产出的目标方面，都要受到社会因素的强大约束，原本极富自由探索色彩的科研活动，大多已经变成注重短期实效的项目劳动。科学家在巨大的竞争和获得持续资助的压力之下，为使自己的发现更适合社会的需求，当研究进展又不尽如人意的时候，一旦科研的评价机制缺乏必要的宽容和理性，科学造假就呼之欲出了。

（三）社会对科学的要求越来越高

在大科学时代，科学技术作为综合国力的重要象征，对社会的发展起着越来越重要的推动作用，全社会都越来越注重科学的实用价值，对科研成果也主要以其现实价值来评价。加上科学活动在购置仪器、雇佣人员等大量开支方面对社会的依赖，使得科学家也必须拿出实实在在的、短期内就能说服社会的成果来获得持续的资助。

然而，根据科学发展的规律，那种短期内能够化为实际效用的科学研究毕竟是少数。如此迫切的社会要求，一方面导致科学家难以保持科学活动的自主性而集中精力做研究，另一方面，也造就了另外一种领袖类型科学家群体的不断壮大。这个群体的特征就是，把持续不断获得研究经费作为主要事业，至于具体的研究则交给了身后的团队甚至研究生群体。诚然，在一些项目攻关型的科技活动中，此类模式具有团队合作的效率优越性，但在对自然奥秘和规律的终极探索中，此类所谓的研究，基本上已经背离了科学研究的自主性宗旨，让人感到的是某种玩世不恭的应对或利益至上的挣扎。

二、科学造假的典型案例分析

（一）日本筑波市风车发电机造假事件

长期以来，由于石油、天然气等资源的大量消耗，全球能源日渐匮乏。全世界都在谈节能，大力提倡循环利用资源，创造可持续发展的人类社会经济。今天，开发太阳能、风能、水能等可持续利用的绿色能源已成为热门的科技课题，成为全世界节约能源的一条主要途径。

日本是一个经济大国，同时又是一个资源小国。日本的能源相当贫乏，所以日本国内对节约能源十分重视，经过几十年来的不懈努力，取得了相当不错的成绩。如今日本单位 GDP 的能耗量在工业发达国家中是较低的。日本对太阳能、风能、水能等绿色能源的开发利用经验值得我们借鉴和学习。然而学习日本经验也不能忽视其失败的教训。日本开发利用绿色能源的过程中同样也存在着败笔，如果盲目照搬也许会适得其反。下述日本的一个科学造假丑闻，颇为发人深省。

日本筑波市是著名的科学城，那里汇集了日本众多的高级科研机构和高等学府。开发绿色能源是日本政府大力提倡与重点扶持的发展项目，风力发电使取之不尽的风能得到充分利用，自然会得到日本朝野的一片赞许。

筑波市政府有意将该市打造成开发利用绿色能源的楷模，计划搞一项宏大的风力发电"样板工程"。2004 年，日本最著名的早稻田大学接受了筑波市政府的委托，着手设计和建造一批风力发电机组。

筑波市政府设想在该市 52 所中小学建造 75 座风力发电机，承担该项目的早稻田大学预计年发电总量可达 60 万千瓦左右。市政府计划将这些风力发电机发出的电能供 52 所中小学校使用，剩余电能还可卖给东京电力公司，所得的款项将专门发给市民用于购买环保用品。建立这样一个经济发展和环境保护互成良性循环的"样板"，将成为多方得益的示范工程。

受到筑波市政府的委托，早稻田大学相关人员进行了一系列的可行性研究、设计、制造，2005 年 7 月，在一部分中小学校建立了首批 23 座风力发电机组。虽然耗资高达 3 万亿日元，但 23 座巍峨耸立的风车为校园增添了一道美丽的风景线，学校的师生以及市政府的官员们都因此欢欣鼓舞，满怀期望地等待着这些风力发电机组带来用之不尽的电能，发挥出持续不断的经济效益。

然而，事与愿违。建成之后的风车在绝大多数时间内不能正常旋转，更别提发电了。因为筑波市的风力不能产生足够的能量推动这些发电机运转，这 23 座风力发电机除了偶尔有大风刮到筑波市，风车才会旋转起来发出少量电能外，几乎天天停滞在那里，根本转不起来，更谈不上发电了。从这批风车发电机组竣工投入使用后的最初 4 个月结算来看，总共才发了 103 千瓦的电，还不足论证时的 0.2%。

这项总共 75 座风力发电机组的建设项目不得不中止了。可是已经耗费 3 万亿日元建成的 23 座风力发电机组怎么处理？为了应付络绎不绝的参观者，市政府不得不同意让电动机来带动风车旋转。每当有外地来访者或学生家长们来参观，学校只能启动电动机来驱动风车旋转，于是这些风力发电机变成了耗电设备。前 4 个月为了使风车能旋转表演而消耗的电量达到 4430 千瓦，竟然是这批风力发动机预期所产生电量的 43 倍。

纸是包不住火的，不久消息泄漏，2006 年初，筑波市的一些民间组织开始展开调查。真相大白了，原来半年多来一直供人们参观的开发绿色能源的示范工程只是一场科学造假的骗局。所谓可持续利用的风力资源工程在筑波市成了消耗电能的摆设，筑波市民愤怒了，日本朝野也被惊动了。筑波市一些民间组织代表所有纳税人把市政府告上法庭，要求警方立案调查，提出失职的政府官员和有关的建造人员必须赔偿被浪费的巨额资金，而且还必须进一步追查这项工程从立项到建设的全部真相。

筑波市政府也把早稻田大学告上了法庭，认为项目的失败应该归咎于早稻田大学设计错误和采用数据的不合理，可行性论证中有造假的嫌疑，在风车发电机组的功能上故意夸大，要求该大学赔偿所有的经济损失。日本警方介入了这一事件的调查，项目的失败基本定性为科学造假，究竟是工作失误造成的客观造假，还是预谋骗局的主观造假，一直没有定论。

据报道，导致风力发电机组无法正常工作的根本原因是，筑波市的风速通常只有2m/s，而前面建造的23座风车发电机设备是小型混合翼风力发电机组，其风车叶轮直径只有5m。要使这种小风车旋转起来，风速至少要达到4m/s以上，所以风车平时根本转不起来。要在2m/s的风速条件下发电，必须采用直径为15m的大型风车叶轮。道理很简单，这个结果是很容易计算出来的，可是早稻田大学负责风力发电机组建设项目可行性论证时，有关的设计人员所使用的筑波市风速等自然环境基本数据与实际情况完全不符，这些数据夸大了筑波地区的常年风速，从而使计算得出的风车效益也被夸大了。所以在实际为2m/s的风速下，首批23座风车都转不起来。为了"家丑不外扬"，只能依靠电力来驱动风车旋转，达到风力发电的假象，结果原来作为发电的设备变成了耗电的设备，它们唯一的用途是表演风力发电给参观者观赏。这就是2006年日本筑波市曝出的丑闻，一个著名的科学城里曝出的科学造假大丑闻。

据悉，案件还没有最后判决，一大批官员已经为此丢了乌纱帽。前车之鉴，后事之师。

（二）李某学术造假案

李某，在2010年3月21日前是西安交通大学"长江学者"特聘教授。21日这天，他被西安交通大学认定存在"严重学术不端行为"，被取消教授职务，并解除教师聘用合同。由《中国青年报》首发并持续追踪近一年的新闻事件告一段落。

李某造假事件肇始于 2007 年底。当时，教育部的一个科技进步奖一等奖获奖项目公示让在校园散步时偶然看到的杨绍侃倍感惊讶。73 岁的杨绍侃是我国首届压缩机专业本科毕业生，曾担任西安交通大学动力二系主任，后来又担任过陕西省科委（现为科技厅）副主任。

这个获奖项目是西安交通大学能源与动力学院"长江学者"李某申报的"往复式压缩机理论及其系统的理论研究、关键技术及系列产品开发"项目。但杨绍侃很清楚，李某从没有涉足过往复式压缩机研究，不可能突然获得这么一个大奖。他到学校科研处找到申报材料一看，发现造假问题严重。

于是他找到 5 位曾经共事过的老同事共同举报此事。6 位举报者中，最年轻的 56 岁，最年长的已经 81 岁，6 位老教授都是李某的师长。在《中国青年报》介入之前，6 位老教师已经先后 7 次给学校党委、纪委、学术委员会提交证明材料，然而，均无实质性进展。

基于义愤，6 人中最年长的陈老先生在科学网上申请了一个实名博客，在老伴的帮助下，围绕这些举报问题一字一句敲出了数篇博文，虽然围观者众多，但是没有让学校更为重视这一问题。反讽的是，这些举报者还因为这些博文被李某告上法庭。

2009 年 7 月初，他们向《中国青年报》打电话反映情况，报社将任务交给了年轻的记者们。当时这些记者正在郑州采访，6 人中反映情况心切的冯教授连夜踏上了西安到郑州的列车，清晨 6 点就拨通了这些记者的电话，见面后，他摆出厚厚一沓材料，详细向这些记者解说问题所在。然而，因为所涉及的问题实在太专业，这些记者也无从作出辨别。冯教授自己也说，全国搞压缩机的就那么些人，外行人要明白其中的道道，确实很难。不过他告诉这些记者，李某起诉举报者的案件即将开庭，这些记者可以先过去听庭审。

这次庭审让这些记者发现，通过司法解决学术问题，尤其是艰深的专业技术问题存在巨大障碍。主审法官也坦承确实无从明断。

这些记者觉得可从非学术问题入手。科技进步类的奖项，获奖的重要支撑材料来自企业经济效益证明，而6位举报者发现了李某报奖书中的虚假证明，这一企业事实上连年亏损。这些记者也认为这一证据非常扎实，不存在问题。

此后，这些记者又在老教授们苦口婆心的讲解下，基本弄懂了李某是怎么捏造成果和捆绑报奖的，并核实了他专著的抄袭情况。接下来，该向学校求证了。然而，有关领导无一例外都拒绝采访。李某神色紧张，表示不愿回应。

7月24日，《中国青年报》教育科技版刊登长达8000多字的整版报道《西安交大六教授联合举报长江学者造假》，一经披露，当天全国就有几百家网站转载，第二天又有许多报纸予以转载，电视台、广播电台纷纷跟进，一起学术造假大案由此进入人们的视野。

然而，当事人及学校均无声无息，似乎什么事情都没有发生过一样。在社会舆论关注的视野之外，学校在断续地、不声不响地作出处理。但在另一方面，李某诉举报人的官司仍在继续。

报道在西安交通大学师生中引起强烈反响，绝大多数师生表示支持6位老教授的举报，认为学校应该拿出"壮士断腕"的魄力，彻底解决此事，掩饰只会让事情变得更糟。

2010年3月21日，西安交大校园网主页挂出了《学校取消李某教授职务 解除其教师聘用合同》的消息，事件终于解决。

曾调查报道过多起学术腐败事件的记者们深深感受到，如果学术共同体内无法做到自我净化，又对媒体和社会舆论熟视无睹的时候，造假者只会更加没有底线。媒体的介入虽然推进了事件解决，但一方面，靠媒体来监督学术界本身就不合理，另一方面，谁又能想到，媒体没有关注到的那些学术角落，还会有怎样的罪恶渊薮呢？

三、政治经济原因

在大科学时代，科学技术对社会的政治经济的影响日益显著，与之相适应，一国的政治经济对科学技术的重视和期待也与日俱增。在大科学时代的今天，科学与社会一体化趋势使得科学与政治经济密不可分，并呈现出全面深化的态势。尤其是在 20 世纪以后，随着科学家队伍的迅速扩大，科学活动已经不再是少数社会精英的兴趣爱好而转变为千百万人谋生的职业，并且也变成了一种昂贵的事业，需要政府的巨额投资赞助，这就必然导致有限的科研资金与数量众多的科学家之间的矛盾，个人的科研活动与个人利益之间的矛盾，以及个人自由科研与为获得资助受限于投资方需要之间的矛盾，等等。所以，科学家为了生存或者在科学界有所发展而不被淘汰，必然会相当重视政府的资助和对各种科研资源的争夺。在这种利益驱动的经济环境和氛围下，科学家从课题的选择开始就会围绕资助方的需求来进行，甚至课题得出的结论也是由投资方来决定。所以在课题研究的过程中，当出现与投资方所需结论不一致时，科学家有可能会作出造假行为，包括伪造篡改数据得出投资方满意的结果。

（一）政治原因

在大科学时代的今天，科学家参与与科学相关的政治活动已经成为现代社会的一种普遍现象。科学权威已经成为参与政治活动的重要力量之一，他们参与的方式多样，不仅可以通过接受政府资助进行科学研究，其研究目的和结果直接服务于政府，还可以接受政府委托管理科研项目，做政府的科研顾问，还可以通过参与国家科技发展规划的制定和决策，成为政府官员来维护国家的科学形象，等等。但是我们也要看到这一普遍现象的弊端，即容易形成科学政治化的社会现象。一方面，政府借科学权威之手来达到维护其自身利益和统治地位的目的。如通过资助科研课题从而控制课题选择和研究的方向，并最终控制科研课题的最终结果，而不惜让科学家通过用造假的方式来达到自己的政治目的。另一方面，有的科学家通过科学造假的方式来迎合领导的政治意图和需要来达到个人的政治目的，典型的如苏联的李森科事件。

（二）经济原因

面对市场经济条件下昂贵的科学研究，各国政府的资助原则是"物竞天择，适者生存"，不仅有纵向的比较，还有横向的考虑。执政政府希望自己在任期间有更多的科学发现来推动科学的进步和发展，所以比较注重投资那些有短期时效性的研究而不是耗费时间的基础研究，他们希望资助那些回报快的科学研究，来实现自己政治功绩簿上能看到漂亮成绩的愿望。与此同时，全球化的今天国家的竞争很大程度上就是科技实力的竞争，政府的投资越来越注重本国科技实力的发展，甚至科技优先权之争也成为国家投资日益增长的重要原因之一。殊不知，再多的科研投入也不一定能换来更多的科学发现，科学研究的艰难性和长期性以及科学发现的偶然性，使得承担政府时效性短、急切需求科研项目的某些科学家可能会铤而走险，通过造假这一捷径来满足其需求。此外，科学家有时为了获得自己持续科研所需的资金和科研资源，当科研进展不尽如人意的时候，或者科研所限时间到期而课题还没有结果的时候，他们会通过造假的方式给出让政府满意的成果。

由此可见，在市场经济条件下，政府资助的功利性和短期时效性都可能导致科学造假发生。

大科学时代科技与社会互动关系的复杂性空前加剧，默顿对科学活动曾经期待的普遍性、公有性、无私利性以及合理质疑的基本规范，也早已被当作一种理想而存入经典科学社会学档案，但我们依然应该以此作为科学规范的精神家园，还科学活动以应有的目的和追求。那种过分强调利益或社会需求的所谓的科学研究，其本质早已被科学社会学的社会建构分析予以充分揭露。从科学社会学视角，进一步分析导致科学造假的社会动因，将有助于我们深入认识过多的社会关注对科学活动的负面影响。

毋庸讳言，在当今社会，随着科学社会化和社会科学化趋势的日益增强，科学研究作为一种社会职业，科学家也和其他从业者一样，面临着各种巨大的社会压力和诱惑：有着强烈国家意识的科学家，为了国家的利益和荣誉会努力作出新的发现；有着强烈竞争意识的科学家，为了持续获得科研资源和资金也会尽力作出新的成果或创造发明；有着迫切成功意识的科学家，为了满足公众和媒体的急切需要，有时也可能会尽快作出某些新的发现。然而，无论这种欲望多么强烈，来自社会的需求多么迫切，科学研究终归有其本质属性，说到底，科学研究和众多其他形式的重复性社会劳动的本质区别就在于，它是一项创造性的劳动，不但需要以追求真理为精神旨归，而且需要长期艰苦的努力，并且存在成功的偶然性。令人难以接受的残酷事实之一就是，一些付出长期艰苦努力的科学工作者，也未必能够以获得满意的创造性成果为回报。如果说有什么安慰的话，那就是他们通过这样的劳动获得了相应的工作报酬。正因为如此，种种不满足于这一残酷现实的从业者总想寻找成功的捷径。可是那些靠篡改数据、修改实验对象甚至捏造实验结果来换取"成功"的科学家最终总会自食苦果、声名狼藉。在充分谴责此类造假行为的同时，认真分析导致种种科学造假行为的社会动因，为科学探索创造符合科学活动规律的外部环境，对于促进我国科学事业的繁荣进步，就显得尤为重要和迫切。

综上所述，科学并非万灵万验，科学家也绝非时刻都能神机妙算，有志者有时也未必事竟成。通过严谨的制度设计，以宽容的态度对待科学中必然存在的失败，对于促进科学发展，抵制造假行为泛滥，不但重要，而且必需。那种好大喜功，日夜期待科技奇迹出现的急切热望，即便拥有良好而单纯的动机，其结果也只能为种种急功近利的科学造假行为提供温床，给本应以自主发展为主的科学探索带来混乱和灾难。

四、文化层面的原因

(一) 科学文化的目标与实现手段之间的矛盾导致科学造假

从前面的案例中我们可以得知，不管是在因兴趣爱好而从事科学研究的小科学时代，还是在把科学研究作为一种谋生职业的大科学时代，科学和科学造假一直是相伴相生的，究其原因，与追求原创性的科学文化成果密切相关。所以科学文化所强调的目标和价值标准对科研人员至关重要。

在大科学时代的今天，文化不仅仅是默顿所说的作为一种目标和价值标准，而是被赋予了更多的意义。以科学作为谋生职业的科学家，在科研资源和科研资金有限、科学家人数激增、竞争越来越激烈的科研环境里，他们的目标不再是争夺优先权获得同行的承认，而是要在激烈竞争的科学界生存并发展，然后去换取这些声望和名誉带给自己的物质财富，最终实现自己的人生价值。所以，当科研进展不顺利，科研人员有可能铤而走险作出造假行为。

(二) 社会文化的趋利性和市场经济的急功近利导致科学造假

科学作为社会的一个重要子系统，与社会的密不可分性使得科学也相应地受到了社会文化的影响，尤其是在趋利的市场经济环境下，急功近利的氛围和浮躁的文化环境是科学造假行为发生的更深层原因之一。如：在科研活动中日益膨胀的科研人员队伍对有限的科研资源和资金的激烈竞争环境下，加上社会对短期时效性科研成果的重视，科研人员是否应该放弃需要投入大量时间的基础研究而从事科技成果转换速度快的应用研究；或者当自己的研究进展不尽如人意的时候，是否不顾科学的本质和规律来伪造、删除或者篡改数据得到漂亮的实验结果；或者对于那些与公众密切相关的生物医学领域，是否能够为了获得投资方持续的资助而在评价科技成果时作出有可能危害公众生命的判断，即是否可以利用科技成果来获利……在这些问题上，每个人都有自己的想法，而这些想法会转变为相应的实际行动。对于这些问题，虽然科学共同体在长期实践中形成了约束科研人员感情色彩的一整套价值体系——科研道德规范，但是在日益浮躁的社会文化环境下，在市场经济急功近利的氛围下，当付出的努力得不到回报，而投机取巧的行为又不被惩罚的情况下，科研人员可能会作出造假行为。由此可见，不管是作为科学的文化还是作为社会的文化，都会对科学家的科研行为产生重要的影响，是诱发科研造假行为的重要因素或原因之一。

（三）学术道德教育和科学家道德自律的缺乏导致科学造假

1. 缺乏学术道德教育

在大科学时代的今天，当代科学界的传统道德观念受到了很大冲击，造成在一定程度和空间上科学家道德观念的缺失。尤其是以知识产权形式表现出来的各种科学研究实验数据和文献资料，任何的剽窃和抄袭都是对私有财产的侵犯，与偷窃他人财物并无不同。而且，用伪造、拼凑、篡改、故意夸大研究成果的手段来谋取个人利益的行为都是科研工作者道德观念缺失与学术道德教育缺乏的重要表现。

从舍恩造假案件可以看出，舍恩自始至终都不觉得自己存在造假行为，因为在他看来，他根本不知道保存原始数据的重要性，不知道抄袭别人数据以及自己伪造、编造数据的危害性。换个角度讲，舍恩所受的教育存在明显忽视学术道德素质培养的倾向。在他接受教育的生涯中，从正式接受教育算起，无论是培养计划还是课程的设置，都没有在哪个环节对他进行过科学道德教育、知识产权教育，没有告诉他在科研中应注意的道德问题是什么，也没有向他分析过科学造假行为，并告诉他应当如何做一个诚实的科学家，等等。这一系列问题不能不引起我们对教育的反思，重智轻德的教育结果使得科研工作者只注重提高自己的学术和业务，而不注重培养自己的世界观、人生观和价值观。最终，他们淡忘了遵守学术职业道德和对治学态度、学术精神的追求，在一些不良的风气和思潮的影响下，使得他们为得到自身的利益，大都以实用功利的心态去开展科学研究，只注重科学的短期时效性。在这种急功近利的氛围下就容易发生造假行为。

学术道德教育属于德育范畴，实施学术道德教育的任务应贯穿在教育的整个体系中，舍弃了学术道德教育的德育，就是不完整的、不科学的德育体系。特别是学术道德课程，应注重如何密切关注每一个细节处是否遵守了学术道德，比如，论文发表之前知道应该研究多少个样品，提供文字记录来描述怎样得到和处理样品，等等。科学家们应该密切关注这些东西，而不是关注一次蓄意谋划、波及广泛的学术造假事件背后的异常之处。

2. 科学家自身缺乏道德自律

道德自律是指道德主体行动的道德准则，是主体出于道德自觉，运用理性力量，将外在的社会道德规范内化为自身的道德规范的过程。所以在科学界，科学家自身道德的缺乏不仅表现为科学家在社会道德规范内化过程中的失败，也表现为违背学术道德规范，明知故犯，而敢于违背这些规范的根源在于它们只是被科研工作者当作外在之法和他律之法，没有被内化为必遵之法，他们对此的尊重与否取决于外在的强制。所以当外在的强制消失时，在名利的诱惑下他们就会将这些没有强制性约束的道德规范弃之如敝屣。所以道德自律的缺失是科学造假行为发生的一个重要根源。于是在相同的学术环境里，就出现了能够坚持道德操守、严格自律和为追名逐利而付出了人格尊严的两种人。

在大科学时代的今天，科学界的道德问题，已不仅仅是科研工作者自身的问题，而是其个人内在的自身道德素质与社会风气、文化背景及科技管理体制等外在条件相互作用的结果。科学造假问题既是学者个人基本道德和科学精神的缺失的表现，也是由强大的物质利益和"精神功利"（各种奖励或荣誉）联合造成的浮夸学风和种种令人不满的状况在学术界的一种现实反映。但是内因是事物发展变化的依据，外因是条件，外因通过内因起作用。科学造假行为的发生还是由于科研人员自身问题而导致的。造假者谈不上严谨治学，其实就是把科学研究作为一种生存手段甚至是一种游戏，在商业化和世俗化的市场经济时代越来越普遍地丧失了对待学术的严肃态度。所以，虽然单纯从道德上谴责科研工作者不讲学术规范的道德自律固然是软弱无力的，但又是非常重要的。如果他们不能用真诚、严谨等道德要求来自律，科学造假就难以从根本上得到治理。

3. 道德规范体系不完善

众所周知，道德规范体系建设是一个逐步完善的过程。它的自发性和内生性决定了它作为一种新秩序需要在先前的道德规范实践中去探索，从而建立包含内容更为多样的新的道德规范。它的非强制性和滞后性决定了它作为一种新秩序同样需要在不断的试挫中才能被确立和被承认，需要时间来得到大多数人的认可。因此，科研工作者可能利用道德规范体系的这些缺陷钻空子，在科学道德观念淡薄的情况下作出一些极端的行为，目标和手段的本末倒置以及行为异化，从而出现造假。

特别是随着"大科学"、后学院科学以及后产业科学的出现及其飞速发展，科学建制理念及其价值目标也在不断地发生改变。尤其是科学研究与技术开发越来越依赖于昂贵的国家与社会的资金，使得功利性和效用性观念严重地侵蚀、消散了那些原本深入科学家内心的"无私的真理探求者"理想与信念，原来科学共同体内部确定的不成文的、约束和控制科学家行为的伦理道德规范，因科学家信念变更且缺乏刚性或强制性约束而失去效力。由此可以看出，道德控制的效果已在逐渐减弱。再加上道德自身固有的特点，模糊性和非强制性等决定了它无法作为有效的惩恶扬善的手段。例如，科研人员在背离道德规范时，他们所受到的道德惩罚主要表现为观念上的无形的精神制裁和惩罚，软弱的强制性通常需要通过科研工作者在舆论的谴责等外界的重压下起到微弱的作用。

由此可见，学术道德教育的缺乏、科学家自身道德自律的缺失以及道德规范体系的不完善都是科学造假发生的重要原因，我们要从根本上对此重视起来，作为防范科学造假愈演愈烈的手段之一。

五、社会制度的原因

科学社会学的创始人默顿对于科学造假行为发生的制度性原因是这样理解的：由科学制度所导致的科学不公所造成的未成名的年轻科学家采用越轨手段来快速成名。这是最早的关于把制度作为造假行为发生原因的论述。在这里，我们有必要在默顿所提出的科学制度原因的基础上进一步细化和发展他的理论，以适应大科学时代科学的发展模式和发展情况，然后根据前面所涉及的具体案例，从内部和外部两个方面来进行分析。关于科学内部的制度原因，我们将从科学规范、评价制度、发表制度和奖励制度四个角度来阐释它们自身所存在的问题和缺陷，以及在科学造假事件中所起到的催化作用；关于外部原因，则从法律角度的立法层面、执法层面和监督缺位层面进行分析。这样就可以有针对性地分析科学界内部和外部的制度问题，从而找到解决这一问题的措施和办法，彻底地防止科学造假事件的发生。

（一）科学内部的制度原因

1. 约定俗成的科学规范、制度缺乏强制性和适应性

首先，众所周知，科学规范作为科学界内部自发形成的、用来对科学家的行为进行约束的制度，在小科学时代起到了非常重要的作用。但是在大科学时代的今天，这样的制度因其约定俗成性而缺乏必要的强制性，如有违反只是得到良心上的和道义上的谴责，因而不会对科学家产生任何惩罚性的后果。其次，面对越来越深化和越来越跨学科化的科学，科学规范已经不能面面俱到，对于那些复杂的科学研究已经没有规范来对其进行约束。再加上在日益浮躁和急功近利的社会氛围下，以科学为谋生职业的科学家为了生存和发展，在科研活动中受经济利益因素的影响越来越大，对个人私利的追求已超度，科学规范已显得可有可无。最后，在政府越来越重视对科学家的行为进行管理和控制的环境下，越来越多的政策法规的颁布以及法律条款的实

施，使得这些外部法规与科学界内部规范共同发挥重要作用。但是与此同时，我们也要看到灰色地带的存在，就是政策法规和科学规范二者之间存在着空白和交叉地带，即在不违反法律法规的前提下进行造假，不仅不会受到惩罚，还可能会获得相应的荣誉和地位。

2. 科学评价制度不完善

在科学社会学中，科学评价制度是科学共同体对其成员所履行的职责和所作出的贡献进行评判的依据，所以说，它作为科学界重要的制度之一，是科学家们获得承认和认可的必经途径。只有经过评审专家对其科研成果给予正面的评价才能获得进一步认可，才有可能获得奖励。所以说评价制度完善与否关系到科学家的科研前程，是科学家能否有动力继续从事科研的重要条件。如果这一制度完善健全，就会使科研人员对其保持忠诚，还会起到示范作用，增加科学界内部的凝聚力，反之，就会导致评价过程出现这样或那样的问题，就会催化科学造假行为的发生。当今的科学评价机制已发挥了重要作用，但从越来越多的科学造假事件来看，仍然存在一些问题和缺陷。

首先，科学界评价制度重数量轻质量，助长了浮躁之风。在大科学时代的今天，科研指标包括对科研成果的数量进行反映的量的指标、对科研成果质量和价值大小进行描述的质的指标两种。在大科学时代的今天，科学的迅速发展以及人多资源少的激烈竞争，要求科学家不断创新，而创新的艰难性和偶然性使得这一要求被暗暗转化为"多出成果、快出成果"，而对科研成果数量的过度期待，变相催化促进了"以量取胜"和"数量决定一切"等科学评价指标和标准的产生。科学研究的探索性和科学知识价值判断的长期验证性，使得科学家的考核标准很自然就转移到所发表论文的数量多少以及所参与课题项目多寡等内容上。就发表论文而论，过度注重数量指标而忽视甚至根本不考虑其价值大小和创新性的质量指标，导致研究者在科研活动中盲目追求论文发表的数量，而不顾质量，出现一些盲从的造假行为。正如有学者说，一个研究者所发表的论文并不是其科研成果的重要性的表现，与之相适应，论文数量的膨胀不一定就等同于科学成就的巨大发展，所以这种重量不重质的学术评估方法和体系会助长一些科学造假现象的出现。如低水平的重复剽窃，一稿多发，拆分一篇论文为许多篇，破坏论文的完整性换取论文的数量，改变实验数据或实验结果快速且多处发表论文，等等，而这样的论文所带来的意义就会大打折扣。英国剑桥大学资深科学家、科学编辑劳伦斯（Peter J. Laurence）教授在英国《自然》杂志发表评论 *The Politics of Publication*，深刻分析了当前科学评价体系所暴露的问题和弊端。他认为，当前的评价体系就是一个"审计体系"，评价指标就是将一些数字加起来，这不仅是最为简单的方式，也是在那些掌握科研资源和经费的评审专家看来能较为准确评价一个人的办法，即他们是通过表现出来的"发表数量"来对科学家进行衡量的，质量因复杂性以及没有可比性而被逐渐忽略，最终数量指标本身成为最终的目的。由此可见，重数量轻质量这一指标评价体系的存在使得科学家盲目追求数量而不顾质量，他们会为了发表而发表，"应时应景"地符合评价制度，不再计较发表的成果是否有价值而是单纯为了追求数字，在这样的氛围下出现的不顾事实真相的伪造、篡改、编造以及剽窃等不道德的造假行为就不奇怪了。

其次，科学评价制度对不同性质的研究使用同一标准，导致评价不公。众所周知，科学研究在性质上可以分为基础研究、应用研究和实验开发研究，并且三者在研究目的、方式和风险方面有着显著的区别，它们在促进社会发展的方式方法、时间点以及长久持续性上都有着不同。基础研究是对自然规律的研究，是理论知识的基础，随着科学发展进入大科学时代它变得越来越难以作出突破性的成果。再加上本身具有的不可预知性和科学发现的不可预测性，使得从事基础研究的科研工作者需要付出更多时间和更多精力，并且还要允许失败的出现。应用研究是以基础研究的内容为基础，通过对应用的可行性进行研究，然后向实验开发研究发展，是前者和后者的桥梁，起着承上启下的衔接作用。应用研究与基础研究相比较，其作出成果的机会和可能性比较大，这也从另一方面会给予研究者动力去作出成果和发现，所以其更容易获得认可和承认。实验开发研究是对通过应用研究发展而来的研究进行进一步的实验和开发，变理论知识为实际的应用，服务于大众和社会。所以与前两者相比较，实验开发研究的成熟性更强，只要具备相应的技术、经费和人才，容易出成果，作出实践性强的成果。

由此看来，不同性质的科学研究使从事于不同性质科学研究的研究者所投入的时间和精力是不同的。由基础研究、应用研究到实验开发研究，所需投入的时间越来越短，计划性由弱变强，不可预测性和不确定性越来越弱，由此而导致作出科学发现和科研成果越来越容易。换句话说，通过对整个科学发展史的研究发现，基础研究一直具有偶然性和不可预测性，需要长期循序渐进进行以及知识的不断积累，不是一蹴而就的，需要刻苦钻研和耐得住寂寞的人，以及自由的学术氛围环境。所以针对不同性质的科学研究就不能采用相同的评价标准和指标，否则就会出现急功近利的氛围和急于求成的心态，尤其是在基础研究领域，更容易出现此种氛围而导致科学造假。

最后，科学评价所带来的连带效应或者利益效应，加剧了研究者出现急于求成和浮躁的心理。在当今大科学时代，随着科学与社会的关系越来越密切，科学的社会化与社会的科学化趋势的加强，科学研究的昂贵性以及社会对科学的依赖性，使得社会尤其是企业对科学家的要求越来越高。而科学家作为以科学为谋生职业的一员，其科研成果的多寡，已经不再是简简单单作为被同行认可、被科学共同体承认的重要指标，而是逐渐转变为其晋升的关键指标，而且愈来愈有占据主要地位之势。如，凭借不合理的以论文数量而不是质量，或者是定性评价而不是定量考核体系，所带来的更加不可思议的连带效应，就使得研究者变成了发表论文的机器，甚至不顾一切地为达到考核的目标而大搞人情投资，这样的浮躁学风导致出现造假行为也是情理之中的事情。特别是当这种连带的利益效应被默认为一种潜规则时，科学活动的功利性就会日益突出，或者说已经有人通过这样的方式取得了所期望的科研资源和生活条件时，其他人也会效仿，如为了使自己在职称评定中胜出而一味增加论文数量而不顾质量。这种考核标准以及所带来的强化的价值，不仅浪费了科研资源，造成学术泛滥，最为重要的是通过造假行为达到目标和考核标准，对科学发展没有任何积极的意义。

3. 科学奖励制度不健全

科学奖励制度最初是由科学社会学家默顿提出的，他在研究中指出，科学奖励制度是建立在独创性价值基础上的，是奖励那些作出独创性发明的科学家的，是科学家从事科研的重要动力机制。其学生科尔兄弟对此继续进行深入的研究，并给予阐述：在科学界，科学之所以会发展是因为其奖励制度对质量好的研究给予承认和奖励，所以就为科学的良性发展提供了扎实的基础。① 也就是说这一奖励制度在科学界发挥了重要的作用。与此同时，我们也要看到，在大科学时代的今天，科学奖励机制不仅对科学家给予承认和认可，给其带来荣誉、声望和地位，还涉及科学界的分层，甚至还会带来连带的利益或者说经济利益。② 所以说科学奖励系统越来越复杂，所涉及的利益尤其是经济利益越来越多。我们在看到其发挥作用的同时，也要看到其所存在的缺陷和问题，以免给科学造假制造温床。

首先，科学奖励过度注重对优先权的强调，而导致科学造假行为的发生。众所周知，科学界有着与其他领域一样的奖励方式，同时也有其自身的特殊性，即只对第一个作出科研成果和发现的人进行奖励，所以对发现优先权的奖励成了科学界奖励系统和机制的重要内容，这对科学家来说也是至关重要的。纵观科学史的承认和认可过程可以得知优先权之争自古有之。这也就是为什么科学社会学鼻祖默顿对科学奖励系统的阐述大多是针对优先权的问题而展开的。加上作为科学界的特有现象——多重发现，即不同的人在不同的地方各自独立地作出同一项科学发现，所以，以优先权作为奖励的重要内容本身也是无可厚非的。但是任何事情的发展都是过犹而不及的，如果一味地注重优先权，而那些长期艰苦做研究的人没有取得任何成果时，他们就会铤而走险作出造假行为。再加上科学界的马太效应所带来的负面影响，使

---

① ［美］乔纳森·科尔、斯蒂芬·科尔著，赵佳苓、顾昕、黄绍林译：《科学界的社会分层》，华夏出版社 1989 年版，第 25 页。

② 王志伟、徐琴：《科学奖励研究的默顿范式及其存在问题》，《自然辩证法研究》2000 年第 11 期。

得科研新手获得承认难上加难，更别说获得优先权的奖励了。更有甚者，因获得科学新发现的奖励而逐渐成为某一学科领域或专业的科学权威，为维护自身地位而对科研新手进行排挤，让其很难获得奖励，而这些科学权威可以凭免检机制有机会获得更多的承认和认可，那么奖励也是囊中之物。由此可见，对原创性科研成果的奖励本身是具有正激励作用的，但是过度的强调会给科学家以巨大的压力，那些急于求成的人会为了获得奖励和承认而铤而走险作出造假行为。所以默顿早就指出："建立在独创性价值基础上的科学奖励制度同样导致科学家的造假行为。科学奖励制度把原创性看得至为宝贵，间接地激发了一些科学家的造假行为。"①

其次，过度注重物质奖励及其带来的连带利益，造成学术界的浮躁学风。在科学界，科学的发展经历了小科学时代、科学建制化时代以及大科学时代，与之相适应科学家所追求的奖励也发生了变化。在小科学时代获得认可是科学家最为看重的，由个人兴趣爱好所引发的科学研究因此得到满足。进入科学建制化阶段后，被科学同行认可和承认逐渐变得重要起来。随着科学发展进入大科学时代，奖励的性质发生了重大的变化，逐步从精神奖励——被认可和被承认转变到了越来越注重物质奖励，而且还出现了经济利益逐步占据主要位置的趋势，这就使得科学奖励系统更容易出现浮躁的风气。众所周知，科学奖励制度设置的初衷是奖励科学发现优先权的，也就是说注重的是精神上的认可和承认，通过这样的精神奖励科研人员可以获得名誉、声望和地位，然后获得一些相应的包括奖金在内的物质上的奖励和财富。但是科学发展到今天，有限的资源和资金、庞大的科学队伍所导致的激烈的竞争使得科学家必须在竞争中生存和发展，只有获得持续的资助才能继续从事科研。所以，这种精神上的认可和承认已经变得不是很重要了，更为重要的是在短时间内作出投资者所需要的结果和发现来换取更多的资金和资源去继续做研究，并一直循环下去。这样的循环发展模式不仅限制和约束了

---

① ［美］R. K. 默顿著，鲁旭东、林聚任译：《科学社会学》，商务印书馆 2003 年版，第 571 页。

科学家的科研自由，还使得科研环境和氛围的目的性和功利性逐渐变强。换句话说，企业和科学家都是为了彼此利益而进行合作，浮躁和急功近利氛围的形成会使得那些急于求成的研究者作出造假行为。

与此同时，对物质奖励的越来越注重还表现在其给研究者所带来的连带利益上，包括研究者职称的评选、职位的晋升、工资奖金的增加以及住房的提供等现实利益，还包括对一些科研项目的申请资格以及获奖资格等潜在的利益。这就导致了科学家从事科研的动机和心态与从前有所不同，物质利益的刺激尤其是经济利益的诱惑使得他们会为了更快更多获得这些利益而在没有作出科研成果时，采取特殊的手段来达到自己的目的，这就是对科学造假行为的变相鼓励和刺激，这样的氛围和环境对科学家和科学的发展都是不利的。正如拉图尔（B. Latour）和沃尔迦（S. Wool Gar）在其《实验室生活》一书中所讲到的，科学家把自己的科研行为作为信用去换取奖励和名誉仅仅是其第一步，对他们来说最为重要的是通过换取的名誉和声望作为累积的优势和信誉能力去换取更多的利益，包括更多研究所需的资格和条件，如申请更多的科研立项和研究经费、获得更先进的仪器设备以及占有更多的科学资源等。因此过度注重物质奖励的科学家在浮躁的科研环境中更容易作出科学造假行为。

最后，科学奖惩制度中对科学造假行为的惩罚不足，使得科学造假成风。众所周知，不管是社会公众还是科学家本身，他们对科学家以及科学活动的评价是非常高的。科学家是以追求真理为目标而从事科学活动的，是最无私的、最理性的，而科学知识是真理的象征，它们都是大众最为信赖的，大众给予的评价很高。但是随着科学界造假事件的频发，公众对科学家和科学知识的信任大打折扣，这与科学奖励制度中的惩罚不足大大有关，这一原因等于变相怂恿和默认科学造假，使得科学造假成风。

按照新经济制度学对人的理解，人首先都是以理性经济人存在于社会之中的，都是以追求自我利益为出发点来从事一切活动的，遵循着成本最小、收益最大的原则来确定自己的行为取向和价值目标。不管是在为满足自我兴趣爱好的小科学时代，还是在为获得科学同行的认可的科学建制化时代，甚至在以科学为谋生职业的大科学时代的今天，科研人员都遵循着追求经济利益为主的原则。这一原则本身是无可厚非的，但是在科学造假事件中科学家几乎零成本的付出而过度地追求自身的利益就越过了正常的界限，步入了违规甚至违法的行列。科学奖惩制度因科学界自身的原因——科学的自我修复能力而导致其对造假行为的惩罚不严格，出现"捂盖子"甚至是不明是非的奖励，这都从侧面鼓励了造假行为的发生，这样的"模范"作用在科学界确实存在着。

科学造假行为中研究者在利益的驱动下，受"名利双收"的诱惑，以造假的最小成本去换取造假后的奖励，最主要的是包括物质奖励在内的连带经济利益，还能获得与之相适应的名誉、声望和地位，这是最好的结果。但是我们也不排除造假行为被发现的可能，即使被发现其所受到的惩罚也是很小的，零成本零回报的行为对他们来说也不会损失什么，况且被发现的可能性很小，成功的可能性很大，所以许多急功近利的科学家愿意一试。这与科学奖励制度的严惩不足有很大关系，甚至可以说其是罪魁祸首。这正如威廉·布罗德和尼古拉斯·韦德在《背叛真理的人们——科学殿堂中的弄虚作假》一书中所说：在科学界，科学造假的低成本高回报使得研究者面对诱惑敢于铤而走险作出造假行为。换句话说，造假行为所受到的惩罚远远小于其换来的好处，这样的奖惩机制只能助长他们的职业野心，却不能起到很好的震慑作用。[①] 科学奖惩制度中赏与罚存在严重的不对称导致科学造假行为方兴未艾。

对科学奖励制度进行更为深入的研究，最具有代表性的是拉图尔和沃尔迦对这一问题的阐述：在科学界，科学活动的开展实际上遵循着"信用（或贷款）的循环"或者说"可信用（信贷能力）的循环"的模式，其科研动机或行为中包含或者符合经济学意义上的战略投资，而不再仅仅像默顿所

---

① ［美］威廉·布罗德、尼克拉斯·韦德著，朱进宁、方玉珍译：《背叛真理的人们——科学殿堂中的弄虚作假》，上海科技教育出版社 2004 年版，第 23 页。

说的获得认可和相应的荣誉那么简单，而是在用这些所获得的声望、荣誉和地位作为信用去换取或获得更大更多的经济利益，以此循环往复。所以从这个角度讲，如果科学造假没有被揭穿反而被给予奖励的话，这一奖励不再仅仅是一个简单的目标，而是作为信贷能力的手段去获得更多的信誉和利益，直至成功。这样对科学造假惩罚不足甚至是奖励的科学奖惩制度不能不说是失败的，成为科学造假行为的温床，这样的榜样力量和累积效应所营造的科学研究环境和氛围都不利于科学的健康发展。由此可以看出，对科学造假行为不能够严惩的科学奖惩机制对科学界的学风、氛围和环境的营造起着不良甚至恶劣的影响。

（二）科学外部的法律制度原因

根据辩证法的观点，内因是事物发展的根据，外因是事物发展的条件，在对科学内部机制进行分析后，下面我们将对外部的法律原因进行阐述，看其对科学造假的发生所产生的影响。众所周知，法律凭其固有的强制性、权威性和有效性来约束人的行为，从而不仅使得科研人员在科研过程中的正常活动得到保护，而且当科学造假行为出现时，会按照法律条例来处理，对事不对人，以达到减少科学造假事件的发生，降低其发生率；还能在揭露科研造假过程中秉着有法可依、有法必依、违法必究的原则进行，维护法律的权威性和有效性，使科研环境得到净化，科研工作得以健康发展。但是法律也有其固有的弱点和缺陷，如果对法律监督的重要性认识不足，加上法律规范的缺失和执法的艰难，都会助长科学造假行为横行。另外，科学界为了维护自由科研的精神，有时甚至只使用鼓励、引导和倡导的一般调整方法，而忽视法律的检查、强制、制裁的普通调整方法，如此种种，也会使科学造假者肆无忌惮。

1. 立法层面——法律规范缺失，制度安排滞后于科学变迁

我们前面分析过，道德规范体系存在滞后于科学技术发展的问题，法律规范也不例外，甚至情况更为严重。因为法律颁布具有程序性，加上政治经济等

社会环境的影响，法律条款不可避免具有滞后性。法律规范的执行还会受到科学家在内的科研人员的层层阻碍，因为他们认为科学是为了追求真理，需要自由研究的环境，法律会束缚他们科研工作的正常开展。

从前面的科学造假案例中我们可以看出，随着科学社会化和社会科学化趋势的越来越加强，科学研究活动已经融入社会公共生活领域，成为一种与人类生活息息相关的社会活动。在这个科学活动对社会的影响与日俱增的时代，其科研成果因应用于社会而给公众带来各种便利。当今的科学研究还需要拥有大量科研资金的集体参与合作完成，所以在科学功利化时代，科研人员因物质诱惑力的增强，可能会越来越注重科学研究的实用性以及科研成果带来的更多实际利益。这种价值趋向使他们可能为了利用科研成果而获利甚至发财致富从而发生各种造假行为。这种造假行为的隐蔽性、手段的多样性和方法的灵活性都不是法律能及时解决的，这就使法律出现了与科技发展不相匹配的严重滞后性。

从内容上看，科学法律和相关的科技法规不仅种类有限，覆盖面窄，不能解决大科学时代出现的各种各样的科研行为问题，如有关实验数据的处理问题等都不能被很好地解决，而且专门法律更显缺乏，不能随着学科专业的高度分化，建立起相关的层次分明、结构严谨和协调统一的规范体系。再加上科技工作者直接参与立法机制的民主程度有限，使得科技法规的专业性不足，所以规范性和可操作性差，缺乏必要的权威性的法律约束力。因而当出现问题时，大多是强政策性和强原则性的行政性法规在起作用，使得科学法规立法疲于应付，流于形式。

而对于科学造假最为重要的揭发问题而言，其整个调查过程没有相关的法律支撑和法律保障，尤其是大多科技法规存在缺少对揭露科学造假者正当权益维护的问题，所以科学造假行为不会被轻易揭露，从而使得科研造假行为猖狂。往往是，科学造假行为出现了，在揭发过程中才发现相关的法律应该建立，但法律程序的复杂性使其严重滞后于科学技术的发展，有"马后炮"的嫌疑。

2. 执法层面——法律法规执行受到梗阻

众所周知，法律的生命在于它的实施，光有法律而不能很好地执行，好的法律就如同摆设，不能起到很好的约束和强制作用。同理，在科学界，科技法规的实施在科学运行与科研活动中也是至关重要的。根据相关的案例分析我们可以看出，科学造假的出现与泛滥不仅与科学法律法规的不健全有很大的相关性，也与科学法律法规的执行力度不够密不可分，其在执行中出现的问题在促使科学造假行为的出现中也"功不可没"。

（1）保护主义倾向严重

不管是在一些著名的实验室还是在普通的科研院所，不管是在名牌大学还是在普通高校，"捂盖子"的保护主义倾向都特别严重，除非是受到了外界舆论的强大压力，否则，他们是不会公开其科学造假行为的。这些单位和科研组织以保护当事人的名义来保护本组织的科研声誉和社会声誉，担心将科研造假行为曝光不仅会给出事组织中的科学共同体带来麻烦，还会使得本实验室的其他科研人员的研究受到损失。如使其投资方缩减甚至撤回资金或者使得其合作者减少等，进而影响实验室的科研速度甚至是本学科的建设与发展，最终影响单位的经济效益和社会效益。而对于科研组织中的管理者来说，科学造假的出现说明其管理出现问题，是对其能力的否定，不仅会影响其名誉，最为重要的是会影响其升迁和提拔。所以当一个科研组织中的科研人员出现科学造假行为时，组织管理者最先考虑到的是内部消化，把危害降到最低，那么采取"趋利避害"的短期行为是不可避免的，这样就会变相地纵容科研造假者，使得他们更加肆无忌惮。最为重要的是造假者的行为会使其他科研人员正当权益受损，最终采取模仿的手段来获得相同的"福利"和"待遇"，这样造假氛围愈演愈烈，以悲剧收场。

（2）没有专门的执行机构，队伍建设问题突出

从相关的造假案例中我们可以看到，当科学研究出现问题时，法律规范在执行中，没有固定的机构以及固定的人员去处理问题，在调查科学造假问题时，就会出现两种情况：一是由相关的科学专家权威建立起临时的调查机构去进行调查。这就使得造假的专业性问题能够得到很好的解决，但是他们却不能很好地运用法律法规来处罚科学造假者，甚至出现，当科学专家权威

是本组织内部人员时，对造假行为的处理就如同隔靴搔痒，不能真正惩罚造假者，起到以儆效尤的作用。二是由懂法的行政人员去调查。虽然他们可能会运用法律去惩处这些科学造假者，但是由于其不懂相关专业知识而使得调查进展缓慢，费时费力甚至不规范，找不到重点，抓不住核心，可能出现钻法律空子、打擦边球的现象，最终无功而返。如果是本单位的行政人员进行调查，出现的问题可能更为严重，即有时会为盲目追求成绩、为完成业务指标随意地把案件中止。这种有法不依、执法不严、违法不究的实际情况就会变相鼓励造假者而使得造假横行。以上两种情况，即具备专业知识的人员不懂专业法规或者懂法的行政人员不懂专业知识的现象，都会使对科学造假的调查不能顺利进行，使得造假行为不能及时得到揭发和制止，最终导致造假事件的发生。

3. 法律监督缺位或乏力——扩大了科学造假

通过对上面两种原因的分析，我们觉得最为重要的还是我们的观念没有转变，认为科学活动和科学研究是科学家自己的事情，同任何社会活动一样，科学活动也会出现失误，科学的自我纠错机制就能处理科学活动过程中出现的科学造假事件，而且科学造假事件发生是极少数人精神错乱所致，是"烂苹果"而不是"烂箩筐"的问题。其实，在大科学时代的今天，科学研究作为科学家赖以谋生的一种职业已经代替了小科学时代那种科学是少数人的兴趣爱好，科学家首先是作为社会人在社会生存立足后才作为科学家出现的，所以他们有着自己的弱点和缺陷，有着自己的欲望和动机。物欲横流的时代加上急功近利的氛围，使得科学家的行为不再是单纯追求真理那么高尚了，其为了实现自身目的而有时不择手段的行为已经不是道德规范所能控制的，需要强制性和权威性法律的介入来规范和纠正。我们可以这样说，正因为法律手段这一监督机制的明显缺失和法律在专业层面的缺位而使得科学造假行为得不到强制性的处罚，反而不断产生。

作为法律主要的监督主体——国家机关、社会组织、大众传播媒介，它们在对法律作为一种监督机制及其实施的手段方法方面，存在不同程度、不同层面的角色认知差距，导致它们对法律监督所起到的作用不能预测，监督主体不能规范化分工，从而出现法律监督的"交叉带"和"空白带"，致使法律的功能不能得到充分发挥，进而起到监督科研工作者行为的作用。

从法律监督客体和监督对象的角度来看，科学工作者和科研组织作为主要的监督客体和监督对象，不仅存在因科学权威、专家等主体地位高而使得法律监督受限的问题，还存在由于其专业性问题而使得其行为具有隐蔽性极强的特点，使得大多数包括科学造假行为在内的科研行为问题难以受到监督。再加上法律规范不健全，使得法律监督更是难上加难，最终法律的权威性和强制性处罚不能很好地抑制科学造假行为的出现。

从法律监督的内容来看，正如我们前面所讲到的，立法由于其自身的程序以及与科学发展不匹配的滞后性，现行法律规范缺少相应处理现有科学活动中出现的问题的相关内容，所以也相应地使得法律监督的面过窄，难以涉及科学研究的各个领域和各个方面，甚至有些监督内容还根本没有涉及，这就出现了监督的空白区和灰色地带，使得法律的作用不能完全发挥。

从监督形式分析来看，运行的方式方法和程序等方面的不足和缺陷使得法律监督的权威性和广泛性没有很好地发挥作用。从先前的造假案例中我们得知，法律监督的自上而下的单向性以及重内轻外的单一性导致了法律监督过程中舞弊行为经常出现，使得法律监督的功能不能得以发挥。此外，在监督中最容易出现的问题是，许多举报人的合法权益遭到了不法侵害，这与监督体制不健全、不完善，举报保密措施不严密密切相关，而这样又会使得法律的作用难以发挥，从而出现法律监督空壳，对科学活动的控制乏力进一步扩大，最终导致越轨行为难以被揭穿，越轨者难以被惩罚。

六、科学造假的内在动因——从舍恩造假事件分析

本部分通过对美国著名的贝尔实验室的舍恩造假案件的分析，即通过对当事人舍恩本人方面的分析来探讨科学造假发生的内在动因，然后探析在当今大科学时代科学研究者进行科学造假的内在动因。

先简要介绍一下美国著名的贝尔实验室舍恩造假事件。简·亨德里克·舍恩（Jan Hendrik Schon），德国人，在1998年进入美国贝尔实验室，并在实验室通过对包括物理学、材料科学、纳米技术等微尺度物质的前沿科学领域的研究，"取得"了包括不同于以往的硅基晶体管，可用作计算机内部交流的开关的高性能碳基晶体管、世界上第一个有机电子激光器、发光晶体管和世界上最小的晶体管等突破性的成就，因而迅速跃升为物理学界一颗耀眼的新星。同上升速度一样，舍恩的沦落也很迅速。舍恩因其极为重大的发现不能被重复而被怀疑，进而造假真相被揭穿，最后他本人迅速败落。首先对舍恩提出怀疑的是普林斯顿大学的莉迪亚·索恩（Lydia Thorne）教授，她于2002年4月发现了舍恩的造假。舍恩于2001年在《科学》上发表的论文与同年在《自然》上发表的论文出现了完全一样的数据，在此之后，更多的问题出现了。索恩和康奈尔大学保罗·麦克尤恩（Paul McEwan）发现这一数据在2000年《科学》的另一篇论文中也使用过，且这样的问题一共存在于舍恩6篇论文之中。于是由外界权威组成的调查团开始对其进行核实。2002年9月，调查团的《舍恩调查报告》的发布标志着这起学术造假事件的终结，而舍恩最后也承认了自己的造假行为。

从某些方面来说，贝尔实验室学术造假案的关键人物，不是因涉嫌虚构和制造假数据的舍恩博士，而是在1998年雇用他的比特·拉姆·巴特劳格（Bert Rarm Batlogg）博士。虽然贝尔实验室调查该事件的调查团洗刷了巴特劳格以及其他所有合作者的造假嫌疑，然而，如果没有巴特劳格的认可，那些现在已经变得不可信的超导体以及有机电子学中的惊人发现或许早就被人识破了。

舍恩在1998年还是一个刚刚从德国康斯坦茨大学拿到博士学位的无名之辈。而巴特劳格则在高温超导体领域取得了卓越的成就，并且享有思维活跃、治学严谨的美誉。舍恩实验背后的科学思想，即利用强电场来改变有机晶体的电学特性，就来自于巴特劳格博士。所以对于此事件，获得1998年度诺贝尔物理学奖的斯坦福大学教授罗伯特·B. 劳福林（Robert B. Laughlin）博士说道："巴特劳格过去曾做出了出色的并且声誉很好的工作。所以当听说这工作是假的时候，大多数人都感觉不可思议。巴特劳格曾在实验结果上加盖他的私人印章，也就是承认了这些实验的结果。"

2002 年发生在贝尔实验室以及劳伦斯伯克利国家实验室里的造假案已经令人们对科学研究的过程进行了重新检讨，问题是怎样才能有效地降低科学造假的频率以及怎样来核查。首先，这些案件已经迫使科学家们不得不重新审视现代科学研究中的一个标准特征——合作。合作者的作用和责任是什么？科学家应当在多大程度上依赖于彼此间的信任？与贝尔实验室的丑闻一样，劳伦斯伯克利一案（此实验室已经被迫撤销了关于他们成功合成了迄今为止最重的原子的声明）也被归咎于一位科学家个人的造假。这些人不仅欺骗了他们的合作者，而且还欺骗了贝尔实验室和劳伦斯伯克利的老板，包括刊登了他们的工作成果的权威杂志，以及所有阅读了他们的论文并且还信以为真的物理学家们。

在过去的 10 年中，美国一共发生了 50 起由美国国家科学基金会资助的基础科学研究造假案，137 起由美国国家健康协会提供研究经费的生命科学和医药研究造假案。美国国家科学基金会每年资助 20000 个科研项目，而美国国家健康协会每年资助的项目是国家科学基金会的两倍。

让人感到恼火的是，还有许多科学欺诈案件并没有被揭发，而其中某些没有野心的人反而可能会有一个稳定而又成功的事业（舍恩的某些主张是极具创造力的，如果事实确实如此，那么他应该获得诺贝尔奖）。1991 年《科学》杂志组织的一项民意调查显示，在过去的 10 年中有四分之一的人曾经亲历过伪造、篡改和剽窃他人成果的事情。丑闻曝光之后，贝尔实验室提醒研究人员应重视他们的科学荣誉，并且加强了对实验室内部的监督。一般并不要求研究人员提交基本数据的学术刊物也正在考虑采取诸如询问、附加数据等措施来预防造假。

在第一批论文发表之后，巴特劳格发表了多次讲话来宣传他们的研究成果。让许多科学家感到不安的是，2002 年 5 月，在学术界公开传出他们的研究成果是不可靠的断言时，他马上就摆出一种与己无关的架式。一份德文刊物援引他的话说："作为一名乘客，当驾驶员闯红灯的时候，我是不会指责的。"9月，巴特劳格在一份电子邮件中以一种更富有调解性的口吻说道："作为一名合作者，我承认对所发表数据的有效性负有责任。如果我近来给大家带来了负面的印象，那真是太不幸了，这些其实并不反映我真实的意图。"在过去的几个星期里，他还给他的同事们发了电子邮件表示道歉，他承认，作为一名资深的科学家，我给这一工作"借"去了相当可观的信誉。但舍恩拒绝发表评论。由斯坦福大学的应用物理学教授马尔科姆·R. 毕斯利（Malcolm R. Beasley）负责对贝尔实验室丑闻进行调查后，提出了这样一个问题：巴特劳格（他于2000年9月离开贝尔实验室去瑞士苏黎世联邦工学院任物理学教授）是否履行了其"专业职责"来检查舍恩所报告的重要发现。在他们的调查报告中，陪审团谨慎地提出："作为资深科学家巴特劳格预料到如此不同寻常的结果一定会受到详细审查，难道他还该这样特别地坚持要求确认这些数据吗？"曾经在巴特劳格的指导下进行研究的洛斯阿拉莫斯国家实验室的阿瑟·P. 莱密里茨（Arthur P. Ramirez）博士说，巴特劳格向他的博士后询问过原始的数据文件，但其目的不是检查数据的真伪而是确保他熟悉实验。莱密里茨说道："他是在拿自己的名誉冒险"。巴特劳格对这个工作给予了足够的信任，而在这种情况下，人们都会认为他可能已经认真地核查了这个工作。出乎人们预料的是，事实表明巴特劳格并没有对这个引起争议的实验进行验证，而且他也没有亲自分析原始的实验数据。同事们都说巴特劳格平时并不是这样的。他们补充说，事实上，巴特劳格是出了名的眼皮底下容不下沙子的人。

　　骗局一旦被揭开，一切就会变得那么明显和笨拙，舍恩的造假也不例外。他在2000年11月发表的一份研究报告说：大家知道的形如足球状的碳分子（巴基球）可以变成超导体；他们发现在低温下它们的电阻会突然变成零。可是，这条数据曲线却不可思议地显得光滑。很明显，这些不是真实的数据，它们是用数学函数产生的。调查团补充写道，在117个数据点中只有 4 个可能是真实的数据。论文的合作者巴特劳格和克里斯蒂安·克劳克（Christian Kloc）博士，却没有注意到这一点。倘若他们及时发现这些伪造的数据，那么全世界的科学家就不会花很多的时间和精力去重复这些实验了（在质询过程中，舍恩对造假供认不讳，但说这些数据是以真实的实验观测为基础的）。调查团写道："2001 年夏，当比特拉姆·巴特劳格开始注意到有人对他们的工作明确地表示关注时，他采取了适当的举动，我们对此表示赞同。"但报告并没有说明那些关注具体指什么，也没有详细阐述巴特劳格在幕后采取了什么举动。虽然调查团对巴特劳格的专业职责提出了质疑，但是他们的报告说，"在缺少更广泛的有关在合作研究中参与者应当负多大责任的意见的情况下，他们将不会对此进行裁决"。

巴特劳格强调说，他曾经对这些问题提出过异议，而舍恩所提供的结果看起来是有道理的。他在电子邮件中写道："我已经开始带着无比沉痛的心情认识到，在这个特别的案例中，我所采取的管理措施根本不足以防止或者揭露所发生的科学不正当行为，我对我的合作者给予太多的信任了。"对舍恩所提供的以及他为什么会忽略超导巴基球曲线图中的伪造数据，巴特劳格拒绝正面回答，并说他已经把这些情况告诉了调查团。

他说："鉴于物理学会 5 位专家的艰苦、费时而又认真的工作，并且为了防止被人认为是在指责调查团的工作程序和结论，我认为在此追究一些经过挑选的具体信息是不合时宜的。"加利福尼亚大学圣地亚哥分校校长、曾经在贝尔实验室主持化学物理研究的罗伯特·C. 达因斯（Robert C. Dynes）博士说，他感觉调查团不作出明确的结论是合适的。认为把这作为一个问题由物理学会去决定是谨慎的，并且这种做法可能也是适当的。并说：站在中间立场上，你不得不相信你的合作伙伴，不然你就不是一个合作者。另一方面，当你坐在这儿为这些数据而辩论的时候，合作就已经发生了。每一个合作者都有责任来确保他们对论文中的言语感到满意。

这一造假案件虽然结束了，但是留给我们很多思考，舍恩科学造假的动机值得我们深思。任何事物的产生、发展和灭亡都是内外因共同作用的结果，科学造假也不例外，内因是事物变化的关键，外因是事物变化的条件，外因通过内因起作用。下面我们将通过对这一科学造假事件的主体——舍恩本人的各个方面的分析来阐述发生造假行为的原因。

（一）从舍恩造假事件看研究者极端心态的负面影响

1. 舍恩与众不同的性格

学术至上，对于舍恩及其家人来说非常看重，所以当舍恩进入德国康斯坦茨大学的物理班后，原本只需半年就能毕业的他却仍旧留在那个自由、拥有一流图书馆的大学，寻找机会继续得到良好的教育。在大家的眼里，他是一个勤奋的学生，不仅用五年的时间取得了德国康斯坦茨大学的本科和硕士学位，其中两年用来学习理科基础教程，三年用来学习物理，包括半导体物理知识的学习，这也是其后来进行学术造假的核心基础。从这一点我们可以看出，他的学习生涯并不长，基础功底并不扎实，短短五年时间对于一个科学研究者来说是不够的。这就导致了他对理科知识和专业技能的理解和学习都是肤浅的，虽然有机会进入了美国贝尔实验室进行学习和研究，但是他所拥有的知识和实验技术对他来说是危险的。在那个人才辈出的著名实验室，作出新发现才是最重要的，而科学研究的艰苦性与创造性发现的偶然性，导致了舍恩在贝尔实验室生存下去并有所发展困难重重，这就为被人一致认为是脚踏实地但并不是天才的舍恩在那里开展研究埋下了一颗定时炸弹。

2. 舍恩初入贝尔实验室的异常表现

舍恩进入贝尔实验室后，就认为自己已经迈入了走向成功的大门，他曾经的实验室同事对他这样评价。起初，在同事眼里，舍恩是一个乐于与人合作的人，整天在实验室忙碌着。虽然并非才华横溢，但是他很聪明，能非常敏锐地觉察到他人之所需。与此同时，他的聪明还表现在他喜欢参与同事们的讨论却绝不喜欢陷入争执，甚至在别人试图开始争执时，他总是保持冷静，更愿意先思考自己该如何回应，然后再作发言，而不是跟人家针锋相对。"虽然他在必要时会发言，但他绝不是个喜欢争吵的人。"他的实验室同事如是说。① 甚至当李特尔伍德（Peter Littlewood）和巴特劳格为舍恩的实验数据和实验结果发生争执时，舍恩就安安静静地坐在一边，聆听他们的谈话，并做着笔记，从而被李特尔伍德认为是全世界实验物理学界的最佳听众。这样舍恩就给人们留下了温文尔雅的印象，而这样的人是几乎不会让人认为他与科研造假有任何关系的。

舍恩是一位求知欲极强的学者，博闻强记，只要他愿意，只需思考片刻就能够回忆起学过的公式，并回答相关的物理学问题。此外他给人的印象是：他有自己的兴趣，学习态度端正且愿意钻研，比一般讲求直觉的实验者更为细心，而且他在观测过程中从不夸夸其谈，只是平静地收集数据，安静地处理数据，然后分析这些数据，最后将分析结果提交给实验室的其他人审阅，进而帮助自己理解这些数据的内涵，解决科学问题。他是一个"理论素养高于实验能力"的学生。此外，研究者还发现舍恩比较谦虚，一点也不愿意吹嘘自己的成果，交谈的时候也常常用好奇的眼神望着对方。在撰写毕业论文时，虽然感觉自己的工作得到了他人的认同而心情愉快，但是，他还是在毕业论文中写道："挑战那些'硅研究员'的权威并不总是一件容易的事"②。在他以后的实验结果即使被大多数人质疑时，这样的谦虚表现使人们不会想到他会进行科学造假。

就像其他喜欢融入群体，渴望成为运动队的成员一样，他渴望得到学术界成员的认同从而进入这个圈子。他虽没有进行科学造假的明显迹象，但同样他也没有养成缜密分析的习惯，他总是尽可能地试着使他的研究成果看起来规整好看。

（1）在贝尔实验室进行科研过程中

从 2000 年开始，他就越来越倾向孤军奋战了。也正是从那时开始，他自豪地成为一位快速写作的能手，并且借助超人的论文发表速度成为名人。

---

① ［美］尤吉尼·塞缪尔·瑞驰著，周荣庭译：《科学之妖：如何掀起物理学最大造假飓风》，科学出版社 2010 年版，第 21 页。

② ［美］尤吉尼·塞缪尔·瑞驰著，周荣庭译：《科学之妖：如何掀起物理学最大造假飓风》，科学出版社 2010 年版，第 23 页。

在质疑中他学会了逃避和狡辩，并习以为常。在汇报中，舍恩存在一个主要的问题，即他有时会在还没明白相关物理概念时，就开始编造数据，因此他看起来有些紧张不安，刚开始有些结巴，但是他很快就进入状态。在研讨会上，舍恩因介绍对于听众来说是全新内容而表现得非常流畅，而且他不会去回答涉及他们提问的相关问题，当有人指出他的某些方法、得出的结果没有意义时，舍恩或者表示同意，或者耸耸肩，以不作声的方式来逃避。

关于对研究小组质疑的应对。对于没有人能够重现或者复制舍恩的实验的外界质疑，他会很直接地说，这是我亲自测量到的数据或者说亲眼所见的实验结果；而当外界的质疑越来越严重时，他会马上转变态度，鼓励那些不能重复其实验的研究小组要坚持下去，不要放弃，并承诺会倾听他们提出的意见，解答他们的问题，坚信他们一定能够成功地重现他的实验结果。当其他实验小组要求亲自看他做实验时，他会以机器设备不能正常工作等更多的借口去应付外界的质询。最后被逼急的舍恩还会选择表现出若无其事的样子，认为不能复制他的实验那是他们的问题，和他无关。最后舍恩在面对完美漂亮的实验数据被人质疑时，他会绞尽脑汁，通过循环利用成功的数据和实验例子的实际结论，搞出一张失败的实验清单来应付别人的质疑，让别人看到他在实验技术上失手的时候，从而让怀疑者放下心来相信他。甚至会采取分散同事们的注意力的分心策略，让他们不再关注那个问题。而当有人想和他密切合作时，他会以工作忙为由拒绝。即使在本实验室之内的合作中，他也总是在研讨会和会议之后就默默离开。即使在聚会上，他也不愿意谈论工作上的事情，这让人觉得很奇怪，一个如此成功的人会是这样的。种种逃避问题的表现以及奇怪的待人接物的方式，使得人们对他的怀疑与日俱增，这就为日后贝尔实验室对其展开调查埋下了伏笔。

在面对质疑时，舍恩说在绘图时将某些点的数值以某种方式隐藏了，但是又承认统计数据中确实还有些问题，冠之以某某符号以示省略。[①] 有时提

---

① Eugenie Samuel Reich, *Plastic Fantastic*: *How the Biggest Fraud in Physics Shook the Scientific World*, US: PALGRAVE MALMILLAN, 2009, p. 192.

供的伪造的数据中还包含了足够多的干扰项，使他能够轻松地通过卡方的检测。在解释根据数据集作出那些完美的柱状图时，某些错误数据在视图中被人为地隐藏了，在这些错误被更正过来以后，重新作出的柱状图就不会那么完美而不切实际了。与此同时，发一份干扰数据，让整体结果看起来真实，并认为这些数据集是真实的，但没有进一步去追溯，也没有再次去验证舍恩描述的那种错误是否真的能够得出他所发表的那个"完美"的图表。但是后来才发现，那个所谓的"隐藏数据"在他先前发表的图表中根本就是不存在的。最后舍恩承认了最近发表的重要论文中的分析是有缺陷的，但他未向整个学术界披露这一缺陷。

关于对论文评审质疑的应对。面对杂志评审人对舍恩实验数据解释的种种质疑和深度怀疑，要求对他们提出的问题给予解答时，舍恩有时会以简单的理论解释敷衍了事，或者驴头不对马嘴地解释半天，或者在论文中确实添加一些有关研制装置的描述，用新编造的数据来解释，他甚至还想到了借助进一步的研究成果作为可能的"庇护所"来避开这些疑惑，暂时逃脱追究。由此可以看出，这些细致周到的评审的问题正好助推了舍恩进一步的造假行为，而杂志编辑和审稿专家们还蒙在鼓里。所以尽管有对舍恩如此多的不利迹象，但也没有影响到他继续利用尽可能多的伪造数据来发表重要的学术论文。用舍恩的话讲就是："曾经，有人告诉我'勇敢是一种值得赞扬的品质，我们要用之于挑战常识'。所以我一直在这样努力着"①。

由此看来，那位努力工作以获得其他科学家认可的实习生已经不存在了，作为一位名人，舍恩似乎已经知道怎么去把不合理的变成合理的了。他在歧途上越走越远。

（2）进入调查中

舍恩在调查中的表现经历了从狡辩—不承认—逐渐承认—最后承认—表面反省这一过程，一直没有正确认识到问题的根本性和严重性。

---

① Eugenie Samuel Reich, *Plastic Fantastic：How the Biggest Fraud in Physics Shook the Scientific World*, US：PALGRAVE MALMILLAN, 2009, p. 181.

当调查开始进行时，舍恩仍然坚持去贝尔实验室，而且在大多数时间里他都坐在自己的计算机旁工作。由于他向其他人解释说他的数据是完全真实的，他确实是通过实验获得了这些数据，但是他当时却无法证明这些。所以鉴于对他的狡辩的信任，当时在实验室内部还是有很多人在继续尝试重现他的实验，甚至他的一些合作者还没有放弃为他辩护。当调查团开始关注舍恩的那些漂亮完美的数据并对此有所怀疑时，他说是利用理论上的函数得到的，而当经过重复实验却仍不能得到时，他无奈地辩解说，为了使得实验结果看上去更加合理而采用了一些方法对数据进行了处理，这种狡辩的说法其实就是对数据的捏造。而当调查团对其数据记录进行检查时，他却说电脑坏掉了或者说没有保留太多的原始数据记录，并对其合作者说，仅仅是因为数据损坏的问题而让他非常失望，也使得调查进程正朝着他的预期、相反的方向发展。直至最后他还决定按照别人重复自己实验时候的提示，继续自己的研究，当出现面对无法逃避和解决的疑问后，他给自己留了条后路，即"当然也有可能我是错的"。一句"可能是错的"表明那是他不经意的失误，似乎可以忽略不计，从而获得大家的谅解，进而再试图去获得大家的信任。而随着舍恩自己的实验装置被收回审查，他只能通过"承认自己不能重现以前的实验"来拯救他的"清白"，甚至还说，自己终于理解"胜利首先带来敬畏，然后是怀疑"的真谛了。

直至最后，舍恩写了一个书面材料，承认了自己的错误，并说："我想，有好几处结果被修改过的痕迹太明显了，明显到只有修改数据才会出现这么好的结果。"[1] 他的承认到此为止，此后他对自己造假的反省仍然没有认识到问题的严重性和根本性。虽然舍恩在最后承认了自己伪造了数据，但是他仍旧不想叙述伪造数据的细节，直到最后，他仍然坚持说，他不该伪造数据，但是又不得不伪造，因为所有问题的关键是时间太紧。而至于自己的实验没能被重现以及论文中的大量错误，他都归结于自己的霉运，他说，没有

---

① Eugenie Samuel Reich, *Plastic Fantastic: How the Biggest Fraud in Physics Shook the Scientific World*, US: PALGRAVE MALMILLAN, 2009, p. 233.

人能知道未来情况会不会发生转变，如果自己运气再好一些，时间再多一些，那该多好。① 所以，在最后，虽然一方面承认自己在科研工作中犯了错误，并为此道歉，但是另一方面又声称，自己发表的所有论文确实都是建立在实验观测的基础之上的。② 而舍恩对自己的评价是："我从没有像朗讯科技公司公关部宣称的那么优秀，但我也从没有像大众媒体宣称那样不堪，而真相就是介于两者之间。"③ 在学术造假的丑闻曝光后，舍恩在写给一位同事的信中解释，科研已经快速地演变为他生命里的唯一乐趣。④

舍恩调查报告的发表标志着这一事件结束，但是事后舍恩回到德国后，告诉自己的朋友和同事，如果可能的话，希望能继续进行他的研究，会另找一份工作，并在未来重现之前的研究。

（3）与刊物编辑和审稿专家的交涉中

首先，舍恩认识到跟期刊审稿专家们搞好关系的重要性，要对他们的宝贵意见表达万分的感谢。于是，他在寻求杂志编辑们的支持时就再也不会有任何胆怯。编辑有时要求舍恩提供一张清晰的图片，这恰恰是他难以捏造出来的东西。实际上，审稿专家们的提问仅仅意味着舍恩不得不做更多的工作。舍恩在答复评审意见的时候，对这些审稿专家提出宝贵的意见表示感谢，并声称这些意见极大地改进了自己论文的质量。

其次，舍恩自身存在的一个主要问题是，他对相关物理概念的模糊，导致其在开始写论文的时候就没有搞清楚问题，犯了让审稿专家也困惑不解的错误，这时，为了能让审稿专家们很容易就能够明白自己的论断，舍恩巧妙地利用了自己与贝尔实验室的关系。例如他在论文中引用了贝尔实验室其他

---

① Eugenie Samuel Reich, *Plastic Fantastic*：*How the Biggest Fraud in Physics Shook the Scientific World*, US：PALGRAVE MALMILLAN, 2009, p.234.
② ［美］尤吉尼·塞缪尔·瑞驰著，周荣庭译：《科学之妖：如何掀起物理学最大造假飓风》，科学出版社 2010 年版，第 192 页。
③ ［美］尤吉尼·塞缪尔·瑞驰著，周荣庭译：《科学之妖：如何掀起物理学最大造假飓风》，科学出版社 2010 年版，第 182 页。
④ ［美］尤吉尼·塞缪尔·瑞驰著，周荣庭译：《科学之妖：如何掀起物理学最大造假飓风》，科学出版社 2010 年版，第 182 页。

研究员的相关颇受关注的研究报告，他想以此提醒包括审稿人在内的论文读者，他们是自己在贝尔实验室的同事，知道实验是怎样做的，另外，他还将那篇报告中有关制作方法的部分内容复制到自己的论文里，来显示他的研究的权威性。

同时，舍恩学会了用他研究成果中一些令人意外的特性来吸引审稿者们的眼球，让他们在提出严厉的评审意见的同时，还能提出继续发表他的论文的评审结果。换句话说，就是期刊还对舍恩的论文感兴趣，评审对他的论文的一致且较肯定的评价使得编辑放弃了在一、二审中反馈的问题，使得舍恩论文得到更多的发表。到最后尽管大家都逐渐放弃了舍恩的方法，但他至少还能通过改变其研究方向继续自己的"事业"，即通过发表论文来获得荣誉和职位。

综上所述，可以看出舍恩特有的一面：他可以赞同任何人希望听到的观点；他有一种"不可思议的能力"，可以在任何情况下面对任何要求，并重复地给出一些看起来似乎很合理的答案；他常常表现得非常友好和值得信任……这些品质将伴随着他，他可以很开心地更换一个研究领域。他擅长妥协，也足够灵活变通，当科研体制自我纠错时，他甚至也可以"自我更正"。

3. 舍恩对科学认知过程不清楚及其研究方法的逆向性

众所周知，科学研究是一项复杂而艰辛的认知过程，有着自己的规律和程序、步骤，而在整个科研活动中，科研人员的认知过程包含以下几个阶段：提出问题、收集资料、查阅文献；进行观察、实验；对观察实验结果进行整理、分析、解释、总结；撰写研究报告或论文；等等。但是从舍恩的科研过程来看，工作流程却不是这样的，下面我们来纵观舍恩自有的"科研方法"。

（1）舍恩取得实验数据方法的诡异性

舍恩在取得数据时所采用的方法——通过计算机模拟来取得完美数据，甚至会在计算机模拟的基础上对数据进行伪造、篡改和删除来捏造计算结果。即舍恩的实验数据是用计算机模拟出来的，后来发展到了当模拟出来的数据仍旧不能符合他的期望时，就在模拟的基础上进行有意的篡改、修饰和删除。

　　首先，对布赫实验室数据采集方法的误解导致了舍恩缺乏良好的记录习惯。在布赫实验室里，数据的采集通常是由计算机来完成的，即通过把自己的样本放入计算机，经过计算机的编程来完成数据的采集。然后对所采集的数据进行测量，再将测量后的数据重新输入各自的计算机，研究员对自己的数据进行进一步的分析。但是舍恩是怎么理解以及怎么做的呢？

　　在舍恩的造假被揭露后，舍恩告诉他的同事说，他从来不知道要记录原始数据，因此也就没有养成这样的习惯，即使在某些情况下碰巧保存了原始的实验数据，他也会把它加入一种叫做 Origin 程序中进行转换和分析，并保存他认为应该保存的、被分析过的"二级数据"。① 即舍恩使用了一种不需要掌握大量计算机编程知识就可以分析复杂数据的程序——Origin。但这种强大的数据分析程序需要在保证原始数据与分析后的数据分开的前提下使用，因为这一程序是为数据的分析而不是数据的记录而设计的，舍恩却钻了这一程序的空子——对这一程序里的数据进行随意的修改而不会被轻易察觉。所以在舍恩录入数据的系统里，原始数据和分析过的数据无法分清。以至于有时候他也不知道自己究竟做了什么，他所声称的确实做过实验，但是已经删掉或者丢失了原始数据可能是真的，而由此产生的种种矛盾也使得舍恩形成了在实验中无视实际所见、无视实际所发生的局面的习惯。例如在取得关于金属氧化物层的论文中，他的研究成果在很大程度上是依赖于计算机程序模拟的结果，以及为了避免引起怀疑而运用了方程计算来拟合数据，形成非常平滑的曲线。

　　其次，舍恩对计算机模拟后的数据进行"修改"。其实，据舍恩自己讲述，在他的本科阶段的学生时代，他就开始自我训练一种他自认为正确的科研方式，即为了最终取得与其他科学家发表的结果相一致的结果，而把经计

---

　　① Eugenie Samuel Reich, *Plastic Fantastic*: *How the Biggest Fraud in Physics Shook the Scientific World*, US: PALGRAVE MALMILLAN, 2009, p. 41.

算机分析过的"实验数据"进行细微的调整和修改，而这一"修改"却因为发生在完成数据测量和将测量的数据送与他人传阅的空当上而没有被发现，所以可以断定从那时开始他就步入歧途了。而在取得预料之中的一致结果后，舍恩才松了一口气，并且在记录本上写下了他的研究成果与其他科学家发表的结果"非常符合"，故意表现出来之不易之势。甚至到最后，为了让实验结果看起来更加清晰、更具有代表性，使研究报告更加清晰易懂，他还养成了删除一些数据，把计算机模拟的不同样品获得的数据放在一起来替代同一样品的数据，然后将其修改来获得最符合的曲线图的习惯。

（2）舍恩分析数据方法的独特性和另类性

舍恩分析数据时所遵循的原理与标准——与书本或者科学文献相一致，即唯书本至上。我们也要辩证地看到，捏造计算结果也不是每次都能获得成功，有时甚至需要被迫引入一个理论来支持这一数据，进而使得捏造的数据符合科学文献中所记录的数据，而这又引出了舍恩的另一个科研方法：作出的结果不管如何都要符合书里的理论或者科研文献里的数据，按照它们的标准来修改自己的数据，使得其数据有理论来支撑。实际上，舍恩曾多次"闯入"新的研究领域，并公布他的"实验结果"和那些领域的理论预测相符，以便能为他的实验装置找到保护伞。正如库里尤克（Kulyuk）说："据我看来，那个时候他可能是一个诚实而且规矩的人，他做的技术和测量工作也可能是正确的。但是测量之后你如何解释你的数据，如何理解为何数据会呈现出这个形状却取决于你的知识水平。所以，我确定他是在测量过后，分析数据期间，动了造假的念头。"①

正如科学研究程序、步骤中所显示，在取得实验数据后要对实验数据进行相应的分析进而作出新的科学发现。所以舍恩和其他科学家一样，在取得实验数据后开始分析这些数据，而在此过程中出现了实验研究中经常出现的情况，即舍恩得到的研究成果与其他科学家发布的研究成果无法相匹配，或

---

① Eugenie Samuel Reich, *Plastic Fantastic*: *How the Biggest Fraud in Physics Shook the Scientific World*, US: PALGRAVE MALMILLAN, 2009, p. 31.

者与预测的理论不相符，于是舍恩不得不按照其他科学家发表的实验结果和预测的理论来对自己的数据进行修改，直到一致为止，这样就可以为自己所伪造的完美的关键数据找到理论依据和保证，更能清晰地"诠释"他所伪造的数据的"合理性"。舍恩的具体操作有如下几种方式。

一种方式是唯书本至上主义，数据符合理论。众所周知，在科学研究中，通过实验所取得的的数据与预期理论所要求的理想数据之间会有误差，但是舍恩的数据却很少出现不符合数据主体趋势的异常值，因为他的数据都是通过计算机模拟加修改而取得的。但是为了给其所伪造、篡改、删除和捏造的完美漂亮的数据寻找理论依据，他就会采取对书本上内容的全盘接受的方法，也就是大家对他的评价——"舍恩认为只要是书里出现的内容，那就一定是正确的"①，所有的实验数据都应该符合教科书中的标志性结论。

另一种方式是与科学文献中的记录或他人的研究成果一致。在数据分析的过程中，舍恩有时会为了与其他科学家的研究发现相一致，而把出自实验仪器的数值代入方程中去；或者关注某个挑剔的权威教授的论文，阅读并牢记，为此后与其研究成果保持高度一致；或者请求同事帮忙，就一些科学概念向他们请教的同时，让他们检查原引文，然后把它引用在自己的论文中使得与原文保持一致。

与此同时，舍恩和其他科学家一样，非常希望自己的结论符合其他学术文献所描述的成果。然而在面对令人沮丧的实验记录和实验结果时，他就会采取特殊的方法——按照科学文献中的记录的标注，来操纵自己的实验数据，进而得出"数据与文献中的记录非常一致"的结论。

由此看来，与其他科学家一样，舍恩希望实验结果和解释它们的理论能够达成一致。与那些科学家不同之处在于，舍恩太过于注重结果上的一致性，不管是包括预期在内的书上的理论，还是其他科学家已发表的科学文

①　Eugenie Samuel Reich, *Plastic Fantastic*: *How the Biggest Fraud in Physics Shook the Scientific World*, US：PALGRAVE MALMILLAN, 2009, p. 36.

献,导致其研究工作中几乎没有冲突数据的探讨和研究,而这些讨论或许会使得包括他在内的科学家能进行进一步的实验,所以相应的也就没有对冲突数据更深一层的研究来作出新的科学发现。相反,舍恩精心地伪造着他的学术主张,从实验数据到实验结果,使得它们更加符合科学的规律,虽然每次只是调整一个数字或一个结论,但是舍恩一开始并未意识到有一天他会为自己的数据造假行为付出如此巨大的代价。

(3)舍恩产生科研动机的来源可取性

舍恩所做实验或者课题研究的想法来源于同事的想法,其论文中聚集了同行的全部学术假设和研究观点。[①] 众所周知,在科研过程中有着固定的技术路线:先制造一个设备的原型,然后进行测量,分析测量结果,进而改良设备,最终获得所期望的结果。但是纵观舍恩的科研过程,他并未遵循其他研究人员所认定的技术路线,其所作所为也是与这种科学研究方法背道而驰的,即他总是先从其他科学家的学术假设和所期望得到的结果中找到所谓的"灵感",然后以此为目标来伪造数据和实验结果,进而得到大家所期望的"科学发现"。

舍恩在科研时期预测科学发展的轨迹并不是空穴来风,而是吸收了同事的很多想法、实验建议以及反馈内容,然后将它们疯狂地整合到他最终发表的论文当中。这也就解释了他的研究成果会使看了他论文的其他科学家异常兴奋的原因,也是其观点快速地被科学界所接受的缘由所在。

在这一过程中,舍恩或者因对其他科学家学术假设的幼稚理解,进而追随这种假设进行实验数据造假,或者因其掌握了同事们对某个实验问题框架的构想而编造数据,让同事们看到舍恩总是能提供最好的实验结果,可以解决问题。所以舍恩从外界接受的信息越多,他传递出来的信息也就越多。正如剑桥大学的理论物理学家李特尔伍德所说:"你提出了一些想法,然后这些想法就实现了。你会为这种学科的进展所吸引。在相当长的一段时间里,对我来讲,

① Eugenie Samuel Reich, *Plastic Fantastic: How the Biggest Fraud in Physics Shook the Scientific World*, US: PALGRAVE MALMILLAN, 2009, p. 5.

这起学术造假事件还是难以置信的，因为我不相信单凭一个人就圆了所有的谎言，然而后来我意识到了，我们都在不知情的情况下帮了他的忙。"①

舍恩每天在计算机旁忙碌着计算伪造的数据来满足其他科学家的想法和学术假设，导致其根本没有时间去做实验而取得真实的数据。正如托马斯（Thomas）说道："我几次走进实验室，他都总是端坐在计算机前，从来没见过他做过实验、测量过数据。"② 但是，相关的实验测量仪器、样本却到处可见。

（4）舍恩取得数据的复制性

舍恩为了取得所期望的数据而引用、复制甚至"回收利用"以前或他人的数据，用雷同数据制表。首先，舍恩对自己已发表论文中的数据进行"回收再利用"。我们前面讲过，舍恩的实验结果是用计算机伪造出来的，换句话说就是通过计算机来实现他自己预期的实验结果。人的欲望总是无止境的，舍恩也不例外，到后来舍恩已经没有时间去用计算机伪造更多的数据和图表了，所以他将已发表的论文的数据或图表"回收再利用"，来制造一种逻辑连贯的假象。他这样不断地复制雷同的数据或图表的方法有时也是很小心翼翼的，即在合著者看过后才复制进去，或者把复制的数据进行细微的改动造成微小的差别来取得期望值，这样神不知鬼不觉，好像找到了能够让自己闪亮登入科学界顶端的方法。正如他自己所说的："我很快就学会如何撰写论文才会引人关注了。我意识到这里的关键就是要有令人信服的数据。"③ 他接着说："来到贝尔实验室后，我才明白实验数据是发表论文最重要的部分，并且每个数值背后都要有明确的含义。就这一点，我就在实验室听了不知道多少遍了。"④ 而正是这个做法导致了他的翻船。这是其伪造数

① Eugenie Samuel Reich, *Plastic Fantastic*: *How the Biggest Fraud in Physics Shook the Scientific World*, US：PALGRAVE MALMILLAN，2009，p. 78.

② ［美］尤吉尼·塞缪尔·瑞驰著，周荣庭译：《科学之妖：如何掀起物理学最大造假飓风》，科学出版社2010年版，第52页。

③ ［美］尤吉尼·塞缪尔·瑞驰著，周荣庭译：《科学之妖：如何掀起物理学最大造假飓风》，科学出版社2010年版，第44页。

④ ［美］尤吉尼·塞缪尔·瑞驰著，周荣庭译：《科学之妖：如何掀起物理学最大造假飓风》，科学出版社2010年版，第44页。

据的巅峰手段之一。

其次，舍恩除了复制自己的数据和图表外，还会重复别的小组实验所得数据，然后移到自己论文的"合理位置"，这样不仅可以获得这一领域专家的认可，而且还能让他的很多合作者认为那是经过设备测得的真实数据而感到格外兴奋。最为重要的是这让他知道了"先前被物理期刊拒绝的朴实的实验结果"和"后来被主流期刊接受的不同凡响的结果"之间的关键性区别，这为他提出更轰动性的实验结果创造了条件。与此同时，舍恩还通过阅读一些著名的科学家的专业论文，记住了其中与自己研究相关的内容，然后引用到自己的论文中去，或者换汤不换药地替换其中的一些符号和用语，从而保证自己的内容绝对正确，或者让同事帮忙检查他将要用在论文中的引文来实现他的目的。直至最后，舍恩虽然已经知道其他科学家对他这种"只给数据，不给解释"的做法开始感到厌烦，但是他仍然抱有一种幻想：在不给出任何解释的条件下公布一些数据，以便看看其他物理学家能不能对这些数据给出相关解释。用当时一位科学家的话来说：舍恩看起来是希望整个学术界替他承担起重担，帮他完成他当初就没有认真开始的工作。因为他不能为他的研究成果给出合理的解释，他只有期望其他科学家帮他给出相关解释。

（5）舍恩对于材料造假的偏执性

舍恩从捏造数据分析发展到了编造材料属性，而且最重要的表现在于他不愿意分享样品。对于舍恩来说，编造材料属性已经到了他造假最疯狂的地步，只展示材料的属性而不分享样品使得大家对他的质疑越来越严重。他有时会以"我会充分利用这些晶体，直到它们不能再被利用了，我才将它们扔弃掉"① 的谦虚表现来挽回自己的形象。更重要的是，因为他始终不愿分享他的样品，对于穷追不舍地要求看样品或分享样品数据的同事，他给予的回答是这样的：样本丢失或者样本自毁尽了。有时甚至转移同事的注意力，让他们分心，如通过让自己的实验结果更加符合同事们的构想，或者说实验很

----

① ［美］尤吉尼·塞缪尔·瑞驰著，周荣庭译：《科学之妖：如何掀起物理学最大造假飓风》，科学出版社 2010 年版，第 75 页。

难做来劝大家放弃，或者说他自己对那个实验已经没有多大的兴趣了。如此种种都是舍恩难以向其他研究者提供试验样品或者分享样品数据时心虚的表现。

总之，舍恩的造假从他作为学生时期就开始了，开始伪造数据是为了在物理学界受众很小的学术期刊上发表论文，后来捏造关键数据以示作出重大发现和突破，为了在知名度更高的世界一流的期刊上发表论文，进而留在贝尔实验室，并让更多的业界学者了解他，最终跻身于科学界的顶峰。

从上面取得数据的方式和分析数据的标准来看，舍恩已经很擅长用这种手段来伪造数据和实验结论，尽管外界的质疑不断，但是并没有给他造成很大的影响，因为他总是能给出大家所期望的实验结论。同时，这样的一种"巫术"和不可思议的"金手"让他已经习惯了别人的吹捧，并自认为已经是某项基础研究的专家，在同行中有了一定的声望。其实反思一下就明白，舍恩自己都不知道自己所得到的数据和结果有多少是依靠他的不可思议的"金手"，又有多少是靠计算机模拟得出的。因为他一直在做着混淆真实数据和模拟数据的事情。

换个角度思考，如果包括贝尔实验室在内的其他实验室的研究员能在舍恩发给他们数据或图表，与他们进行讨论的时候，去对舍恩的原始数据进行必要的检查（虽然没有义务去检查别人的原始数据），或者对于他提到的得出实验数据和结果的设备在其他地方时，贝尔实验室对他提出更高的门槛，要求他将其带回后再进行讨论和细致分析，而不是在实验数据存在严重问题的情况下让其发表论文，或者以后续研究解决问题为借口来为其开脱，舍恩也许就不会走上这条不归路了。在一个无须对原始数据进行共享和审核的实验室氛围里，他对自己的造假行径没有一丝良心上的自责，甚至希望通过漂亮完美的数据和结果来满足大家的需求，让大家对这些离奇的东西感兴趣，认为它们会促进科学的进步，进而掩饰自己道德上的沦丧。

4. 舍恩在科研中急功近利的思想

（1）科研大环境中人性弱点的暴露

舍恩想留在贝尔实验室的动机强烈。在舍恩的科研造假被揭穿之后，对于外界的质疑，他回答道，对于从德国来到贝尔实验室学习和进行科研的这一机会非常重视，但是其短暂的求学经历让他很不甘心，于是想通过一些简短的、吸人眼球的、成果不断的论文来获取别人的认可，进而获得留在贝尔实验室工作的机会。与此同时，舍恩进入贝尔实验室的时候正是朗讯科技接管贝尔实验室的时期，其运营状况不佳，很多从事基础研究的教授辞职，后来甚至出现了严重的实验室裁员现象，这就导致了舍恩想留在实验室的计划提前提上议程。他认识到花很多时间去撰写报告实验技能方面的论文，会浪费很多时间而丧失可能取胜的机会，因为贝尔实验室的主管们看重的不仅仅是研究员的才华和经验，更重要的是年轻的研究员能够在某个领域开创一片天地并发扬光大，从而使贝尔实验室保持世界领先地位。所以力争在更重要的学术期刊发表论文的这种趋势影响到包括舍恩在内的所有科学家。舍恩解释不保存原始数据的原因也是如此，即他自己确实想在朗讯科技公司谋得一席职位。这正如布林克曼所言："这是一场很炫目的游戏，连贝尔实验室的管理层也未能幸免。"①

（2）舍恩的急功近利、投机取巧的浮躁习气暴露

在舍恩造假被揭穿之后，尤其其在后来"光给数据，不给解释"的行为，让大家都认为他是想让科学界承担起解释他的科学发现的重任，而他自己享有优先权的名誉。由此不难看出舍恩急功近利的思想已经开始影响他的行为——造假。正如克洛克所说："在贝尔实验室，你是谁，你从哪里来，这些都不重要，重要的只有一件事，就是你能做什么"，"我的工作不追求完美，而是确保第一次做这件事情"。② 拥有自己的实验室，领取到业内水

---

① ［美］尤吉尼·塞缪尔·瑞驰著，周荣庭译：《科学之妖：如何掀起物理学最大造假飓风》，科学出版社2010年版，第45页。

② Eugenie Samuel Reich, *Plastic Fantastic: How the Biggest Fraud in Physics Shook the Scientific World*, US：PALGRAVE MALMILLAN, 2009, p. 23.

平的薪水，是自身价值的实现。这也是舍恩作为学生想在短期内实现的目标之一。

（3）舍恩利用包括合作者在内的其他研究人员对他的过度信任、信赖而投机取巧钻空子进行科研造假

我们在前面已经分析过，舍恩有着谦虚的、从不反驳的性格，不骄不躁的科研态度，使得人们对他好感倍增，有时在面对质疑时，他也能不断拿出新的数据来证明其实验结论的正确性，尽管那些数据是他伪造的。甚至当舍恩对疑问毫无招架之力时，他尽量回避可能被问到的各种技术性问题，然后谦虚地向别人请教的同时进一步造假，利用期刊中的同行评审程序，反过来完善他的谎言。舍恩的这种精心创作的造假方式，使得合作者和贝尔实验室的管理者们对他的这些所谓的"令人信服"的数据给予了最大的信任，不仅相信他的诚实品性，而且还相信他的科学方法、专业技能、实验技术，以及他不在实验室时获得的实验现象和实验结果，等等。

首先，在舍恩与合作者或管理者之间，合作者或管理者对舍恩过度信任。一般而言，科学界有一种传统，即在科研活动过程中，彼此信任是开展科研工作的前提条件，更何况是能成为合作者的研究者之间？因合作而进行的科研彼此更需要信任，无缘无故怀疑合作者是一种不尊重他人的表现，也是科学界所忌讳的，即合作者特别是资深合作者是有义务来确保自己的实验数据和实验结果是真实的和准确无误的。但是在舍恩的科研造假事件中，这种彼此信任的关系得到了升华甚至登峰造极，不仅仅给了舍恩充分的信任，而且是过度的信任和信赖，即凡是舍恩提供的数据和得出的实验结果，都没有人去参与或观摩舍恩是如何制造实验样品和进行测量的，甚至在重大成果的实验过程中，原始数据受到外界质疑时也毫不担心（本应该是，即使不怀疑舍恩造假，也应该对其容易出现的失误担心），而完全由舍恩一个人在那里自得其乐。特别是当舍恩的实验数据很难令人信服时，舍恩作为实验者通常有义务解释这些数据是怎么得来的，舍恩的管理者却在过度信任舍恩的基础上认为，实验者遇到非同寻常的实验结果时，没有必要一定在发表前

就解释清楚其中的基本原理，而后续的研究就可以让理论学家来提供某种解释。由此可以看出，在合作者和管理者的互相过度信赖下，舍恩的造假行为发生了。

其次，在舍恩与评审者之间，评审者因对其结论感兴趣而过度信任他。在科学界，其固有的传统——彼此相互信任在同行评审中也存在着，即科研都是建立在信任的基础上的。评审擅长的只是检测单纯的技术性误差，而不是鉴别造假，所以在其评审过程中也只是对论文证据的充分性、论证过程的严谨性以及得出结论的价值性进行评判，而不会去怀疑论文作者数据的真实与否。再加上评审者大都是某一专业的权威，不能保证其对评审过的每一篇论文都有认真负责的态度，甚至有时忙于政务而把审阅的论文交给其研究生代劳，如此种种，都能使得舍恩的论文尽管受到质疑但最终还是被发表。此外，舍恩的数据都是计算机模拟后形成的，完美漂亮；舍恩所取得的实验结论都是其他科学家的想法和学术假设，这就让包括评审者在内的科学家都对舍恩的结论感兴趣，尽管存在种种质疑而不会想到其会发生造假的行为。再加上贝尔实验室的深远影响力，就使评审者更加坚定了对舍恩发表的论文的结论的信任，使得他们认为在后续的研究中种种疑问都会被解决，是具有潜力的结果，可以启发新的灵感，很值得继续跟进。所以就在评审者对舍恩的过度信任下，舍恩的造假愈演愈烈，其造假的数据不但通过了学术期刊的重重审核，还在学术界得到了很高的认可，甚至在得知舍恩的诸多试验结果无法被重复验证之后，也未见什么人来质疑。

由此可见，人们对于谎言的支持原本是无意识的，然而过度的信任显然是在有意识使得谎言合理化，而且这种有意识的合理化倾向在今天仍然为人们所坚持。尤其在科学界，过度的信任是不可行的。

5. 舍恩通过转换研究方向来逃避责任

在科学界，尤其是进入大科学时代后，科学专业化趋势越来越明显，不仅专业细化为更复杂的分支，而且专业之间的联系日益密切，所以在科学界流行着一句话：没有真正的同行，只有准同行。伴随这一趋势就有了科学家跨行研究或转换研究方向进行研究，而且科学史中不乏一些因转换研究方向而成功作出科学发现之人。所以舍恩突然转变研究方向或者换个研究部门对于贝尔实验室的博士后来说都是正常不过的事情，并且从这个角度讲也是可以理解的。但是对于舍恩本人来讲，转换研究方向，即投身于纳米技术的研究领域中，意味着他不仅放弃了以前的合作者和所有的合作成果，最为重要的是他可以借此有效地抛掉他先前所在领域里应该承担的责任。他通过加入贝尔实验室的另一个与他先前稍微不同的研究小组开始开展他的新"研究"，这也符合贝尔实验室的传统：总是鼓励内部人员建立合作关系来打破传统学科之间的壁垒而作出新的科学发现。[①] 同时我们也要注意到这一传统的弊端，即它对进入一个新研究领域的研究人员一般不给予正式培训，只是需要阅读文献，与同事交流，然后亲自试验就可以。因为它相信进入实验室的研究人员传统上都拥有涵盖学科范围很广的即学即用的专业知识。这一传统的弊端在舍恩身上应验了，舍恩在缺乏专业知识的情况下断然转换了自己的研究方向，或者可以说通过更有发展前途的研究方向来实现自己的宏伟目标，但是理想与现实的差距、实验数据与课本理论的差距、实验结果与他人结果的差距都使得他的主观预想无法实现，所以为了大展宏图，他依然选择了先前的科研方法——造假，来取得科学发现和突破。例如在对那些特性蕴含的物理意义不了解，捏造了一组变化平缓的数据来作图时，却没有意识到这样的平缓图形并没有涵盖那些数据的特征，等等。由此可见，科学家在缺乏准备的情况下贸然进入不熟悉的专业领域可能导致出现妄想和荒诞的行为。

6. 作为权威机构的实验室管理松散、导师的纵容以及师徒关系的退化

众所周知，舍恩的本科时代是在德国的康斯坦茨大学度过的，在布赫实验室里，重点从事技术开发，很少会有开创性的科学发现，而实验室的技术

---

① Eugenie Samuel Reich, *Plastic Fantastic: How the Biggest Fraud in Physics Shook the Scientific World*, US: PALGRAVE MALMILLAN, 2009, p. 166.

开发是一个循序渐进的过程，相应的成果需要研究小组中的几个人一起经过多轮数据收集与分析才能确认，进而再对其进行及时的复查。所以彼此信任是他们得以开展工作的前提和基础，因此在这个实验室待过的一些研究员认为监督彼此的工作没有必要。与此同时，布赫实验室还有一个十分重要的质量管理机制，那就是研究人员们的研究材料经常都是共享的，这些材料能在不同的试验站通过不同的方式进行测量。① 正如布赫（Ernst Bucher）自己所说："如果你在实验室取得了一项效果满意的实验结果，你会习惯性地把实验样本与外面的实验室进行共享以便其他研究小组能够独立地检查一遍数据。"② 和其他很多规模大、管理松散的实验室一样，布赫实验室也可能无法排除——某个研究员在没人注意的情况下修改数据从而夸大他的实验发现这样低级的作弊行为，但是布赫实验室的大多数研究人员都认为蓄意编造样本的属性数据不仅风险很大，而且没有必要。这就为舍恩放心大胆地伪造数据制造了温床，而这一习惯被他带到了贝尔实验室的研究中。另一方面表现在美国贝尔实验室。众所周知，贝尔实验室早已因其杰出的科学成就而积累了很高的学术声誉，仔细分析，其实这些学术荣誉是得益于早期技术部研究员和管理层负责人所坚持的一整套的内部评审机制：在把论文提交发表之前，技术部研究员会把他们最新的研究成果写在技术备忘录上，而这份备忘录会在公司内部传递或者存放在内部的数据库中供所有人阅读。而这样做的目的是为了让管理者看到作者所在部门之外的人对这篇论文的评审意见，而尤其重要的是，借助技术备忘录可以引发一系列非正式讨论，也容易发现这些有趣的学术主张中可能存在的问题。最后只有管理层在备忘录上签字以后，这篇论文才可以向杂志社投稿。这是一个严谨而且规范的内部评审制度，对于科研有重要的意义。与此同时，贝尔实验室还有一个传统：不论什么时候，只要一名研究人员从实验中获得了新数据，这些数据就应该在实验

---

① ［美］尤吉尼·塞缪尔·瑞驰著，周荣庭译：《科学之妖：如何掀起物理学最大造假飓风》，科学出版社2010年版，第25页。

② ［美］尤吉尼·塞缪尔·瑞驰著，周荣庭译：《科学之妖：如何掀起物理学最大造假飓风》，科学出版社2010年版，第25页。

室里传阅，看看他人所思所想。可是如此种种有意义的传统和机制为什么都没有揪出舍恩的造假呢？后来，在舍恩造假事件被揭露之后，贝尔实验室的管理层公开承认，在整个 20 世纪 90 年代，论文稿的内部审查机制已经基本被弃用了，其论文稿审查比以前宽松很多，所以导致了舍恩在受到公司制定计划以及部门设置目标这种典型的产业研究方式束缚时，他却可以自由地投寄论文稿，也就导致了舍恩此后的一系列造假行为。

此外，互联网的繁荣发展给朗讯科技公司带来了机遇，但更多的是挑战，贝尔实验室被要求不断地推出新产品来应对互联网给其带来的泡沫。贝尔实验室的所有工程师都在全力以赴为市场部的销售团队研发新技术。而舍恩首次参与的研究成果的发表也是在这时候，所以贝尔实验室对舍恩的研究成果不仅采取了模棱两可的态度，而且还为他的研究成果仓促申请专利，在这样的保护伞下，舍恩的造假行为不仅发生了，而且他本人也越来越大胆。

然而，对于舍恩来说，最为重要的还是贝尔实验室博士后的光环，一个非常令人尊敬的实验室和研究机构，这就为他的研究中存在的问题——研究成果的真实性、发表的论文数量太多、太过完美不真实的数据、实验的不可重复性罩上了一层权威性，使得它具有不可忽视的分量。

在贝尔实验室，舍恩最重要的导师就是巴特劳格。一方面表现为舍恩没有从其导师巴特劳格那里学到动手操作的习惯。在事发后的采访中，舍恩承认，他在贝尔实验室度过的博士后研究生阶段，并没有从导师那里学到动手去做实验的习惯，换句话说，巴特劳格因其研究的领域和方向使得他缺乏动手操作的习惯，所以不管舍恩给导师任何数据和实验结果，导师都不会重复实验去验证其真实与否，这样舍恩的研究工作就没有人去复核，这就让他的造假逐步升级。正如巴特劳格在舍恩造假事件被揭露后谈到，由于主管们在决定启动有机晶体研究项目时就已经存在某种假定，而且舍恩也常常会同意其他研究人员对他工作提出的假设，甚至是自相矛盾的假设，这就使得舍恩最初的学术造假行为是无法被察觉的。如大卫·穆勒（David Muller）所说，

"不管你曾经预测过什么，你所预测的就会是下一个成果"①。由此可见，导师的模范带头作用是很重要的，尤其是在科研中对数据的亲手获取，而舍恩因没有受到这种影响而敢于大胆伪造数据，而且因不被重复和发现，使得他越来越大胆，最终走向了不归路。另一方面表现为巴特劳格非常倚重舍恩在贝尔实验室正在进行的实验。舍恩的导师不仅不对他的数据进行检查，而且还十分相信和认可他的实验数据，并经常在学术研讨会中大肆宣传和推广，从而赢得美誉。于是舍恩的学术影响力慢慢扩大了。但是我们不难发现，这就陷入了一种恶性循环，舍恩取得的成绩换来了他的美誉，那么他会继续作出更大的科学发现和突破来获得更多的认可，这样舍恩的造假越发大胆，他想在短时间内取得举世瞩目的实验结果，并将他们快速发表，就像西格里斯特所说，这并不像个阴谋。在一定程度上，"舍恩的实验数据更令人兴奋"，其数据越简单，也就越容易解释，越容易撰写成论文。

导师巴特劳格在面对舍恩无法回答的疑问和被质疑时，站出来支持了舍恩，并作出回应：对于这些理论上的异议，鉴于理论和实验之间的冲突和不一致，我坚持认为应该发展新的理论。而此时的舍恩也没有让导师失望，悄悄地作出努力，把自己早期理论上的异常情形逐步扩充为实验和理论之间产生直接冲突的证据，而这样既明显又有说服力的证据令巴特劳格非常兴奋。由此可见，导师的过度信任和倚重使得舍恩的造假行为有恃无恐。我们可以得出以下结论：

第一，实验室及导师的纵容和包庇容易造就"舞弊环境"。众所周知，科学界存在着明显的等级制度，于是在等级森严的研究作坊——实验室，就出现了实验室首长负责制。特别是进入大科学时代以来，实验室发生了重大的变化。不仅实验室数量增多了，还出现了专门进行重大科学研究的实验室，而且进行研究的项目也复杂了，出现了跨学科和交叉学科的研究，这就导致了参与课题研究的科研人员越来越多，进行研究的实验设备越来越昂

---

① Eugenie Samuel Reich, *Plastic Fantastic*: *How the Biggest Fraud in Physics Shook the Scientific World*, US: PALGRAVE MALMILLAN, 2009, p. 72.

贵，越来越精密。这也造成每个实验室都面临激烈的竞争，不管是在人员问题上还是在科研资源和资金的问题上。为了在日益激烈的竞争中存活，实验室的领导常常占有下属同行的研究成果（因忙于筹集资金而无时间搞科研），不管他自己的工作是多么微不足道，都会把他人之功占为己有。而那些劳动被人剥削的底层的科研人员只能顺从，认为这是整个科研体制中不可改变的现象，他们希望有朝一日自己也能从中受益。而作为底层的科研人员，在实验室"不发表就死亡"的氛围下，在实验室领导热衷于追求名誉而不是认真地探索自然的"奥妙"情形下，就容易形成种种有利于沽名钓誉而不利于老老实实追求真理的玩世不恭的态度。在这种情况下，底层的科研人员玩弄数据和捏造实验结果这类事情的发生成为必然，这样科学造假就产生了。

第二，师徒关系退化导致造假。师徒关系是科学界中最常见的一种社会关系。以往的师徒关系是建立在智力上的相互关系并取长补短，实验室的领导确实能够给他手下的人以学术的指导。但在今天，科学的极度扩张和随之而来的变化，以及科研工作的职业化和装备实验室费用的日益提高，一些急功近利的导师和学生常常是为了得到设备和科研经费而连接在一起。年轻的研究人员需要的不仅仅是一个学术上的导师，更重要的是一个拥有一大笔政府经费的资助人。这种完全物质化的关系使得实验室的领导把精力和时间全部用在了筹集资金上面，没有时间去做实验研究，并且为了保证经费源源不断和做到收支平衡，只有占有手下人的成果，才能使他的工作继续下去，让别人看到自己的成功。他们甚至为了占有的合法化，有时会用一种商业性的交换代替，即用手中空缺的职位和提供资助做交易，而处于实验室最底层的科研者则把这当作科学界的等级制度的真实写照。所以，他们在激烈的竞争以及导师要求不断出成果的压力下，抛弃了研究的客观性以及研究所需的耐心和技能，投机取巧，改动实验数据和实验结果，甚至完全捏造原始数据，这样科学造假在工作和奖励脱节的实验室就会发生。

7. 舍恩所在实验室对实验记录没有要求和标准

众所周知，在科学研究中原始数据是最重要的，尤其是对于探索未知领域的科学家来说，如果把实验室里实验现象所发生的每一变化都准确地记录下来，可能会对他们将来所需要应对的意外发现有重要意义。不仅可以进行事后的实际检验，而且也会给科学家重新思考的机会，帮助他们纠正在数据分析时对科学信息的曲解。科学家甚至还可以用及时记录实验数据所养成的习惯更容易地关注到不准确或不真实的数据，并质疑和纠正它们，最终探明真相。再退一步，永久性地记录在笔记本上的原始实验数据至少可以防止谎言再回来困扰那些有良知的实验人员，这种谎言要比口头说出来的更糟糕。

如今，随着科学进入了大科学时代，实验室里记录原始实验数据的方式发生了很大的变化，都在使用计算机来记录大部分的原始数据。虽然记录工具和方式都发生了变化，但科学家们仍然坚持着同过去用笔和墨水在实验记录簿上准确地记上实验数据一样的一贯原则——科学家们将从实验仪器上获得的数据以一个文件夹的方式保存在计算机中，并在文件夹上标注获得这些数据的日期。这就是作为科学的一般性原则——客观性在记录原始实验数据中的反应，遵循"永不改动，永不删除"[①]的原则，这意味着作为科学家要用这种方式来储存数据，即使这些数据并不是人们期望的，也不可以改动它们。

但是反过来思考，如果一些实验人员没有养成记录原始实验数据的习惯，而是按照自己的期望值来想象和编造，那是不会对科学新发现和新知识作出贡献的。正如在舍恩的造假事件中，纵观舍恩的科研过程，在刚开始时，舍恩是把实验数据记录在纸上，然后将记录的纸张随便堆积在计算机旁，随着时间的累积再加上实验数据的不尽如人意，舍恩就放弃它们了，然后通过计算机编程来模拟数据得到完美漂亮的期望数据、曲线和图表。在舍恩造假事件被揭露后，他一直承认自己有原始数据，只是找不到了，这也许是真的，因为他并不知道原始数据的重要性，随意乱丢不符合他期望的原始数据是不正确的。而对于他所认为的电脑存储空间不够而使得原始数据丢

---

① Eugenie Samuel Reich, *Plastic Fantastic: How the Biggest Fraud in Physics Shook the Scientific World*, US: PALGRAVE MALMILLAN, 2009, p. 40.

失，确实是在撒谎，因为即使电脑设备再落后，其保存的原始数据应该还是会留在那里，没有人为的删除是不会突然消失的，其实问题的关键在于舍恩已经混淆了原始数据和模拟数据，不知道哪些是真正的原始数据。放弃保存原始数据这一重要的习惯也是舍恩造假行为发生的重要原因之一。所以正如我们所发现的，如果把发生在实验室的每一个实验数据都记录在案，实验记录簿将成为一种证据，会是一个值得骄傲的资本以及一种道德的良知的证明，甚至会成为一项科学发现强有力的支撑。试想舍恩如果懂得这些，也就不会有其后来的造假行为了。

与此同时，我们还要看到在记录原始实验数据方面并没有什么标准，即实验室的原始数据应该如何记录、有何要求，被记录的数据应该如何研讨等都没有具体的标准，那么，未能准确记录和分析原始实验数据的研究人员有可能因此而进行学术造假。虽然很多大学把"学术伦理学"作为理科课程体系的一部分，但科学家们经常说，除非真正开始了从事实验室的研究工作，不然他们是不会明白怎样在实践中坚持这种原则的。

8. 精英集团盲任和免检助长了造假者的勇气

科学界的等级制度是大家有目共睹的，所以从某种意义上说，从事科研工作的不仅是一个群体组织，更是一个名流体系，存在一个精英集团，形成了一个控制着科学资源的分配和科学的奖励制度的精英主义，他们通过同行评议制，在科学资源的分配上拥有主要的发言权。所以在一定程度上，过度发展的精英主义就会形成精英集团，导致人们对学术权威的盲目信任，可能会给科学造假制造温床。

随着科学发展进入大科学时代形成了精英主义，权力和科学资源越来越集中地掌握在少数精英手里，这样他们有可能在科学界行使他们的特权和实施个人偏见，对科学界的名人及其代理人的工作比不出名的研究人员同等水平的工作给予更广泛的注意。在他们看来，只要是精英人物提出的观点，哪怕很糟也会被接受。只要属于精英集团，单凭他本人拿出的背景和学历证书，就认为他的工作理所当然没有问题，论文可以马虎审，经费可以宽松批。这样的庇护使得精英们逃避了理应适用于所有科学家的检查，而今免受检查的特权已经从导师延伸到了其得意门生那里，他们仰仗实验室首长的大名以及利用所在机构的声望和学术上的隶属关系，其论文不管质量怎样都能顺利通过审稿程序，也就是说论文一旦写成就会毫无阻拦地得到发表。换句话说，从他结交的人和机构的威望以及地位中捞到了好处，发迹基本上靠的是精英制度。科学机构的态度和惯常做法为舞弊者创造了环境，即只要是来自一个很有声望的单位，无须去做足够的检查就盲目接受其所谓的成果。与此同时，精英主义在科学界的盛行，其所特有的权力和享受到的种种好处，使得每个人都想跻身于精英的行列，这可能成为他们堕落、作弊的一个动机。所以，从某种意义上来说，精英主义的猖獗腐蚀了科学事业，助长了科研野心，制造舞弊诱惑力和舞弊机会。科尔兄弟曾探讨过这样一个问题："精英集团之所以存在，是因为这些科学家发表了最有意义的工作成果因而得到应有的承认呢，还是因为现存的精英集团可以以此来牢牢控制科学的社会机构，推荐自己的主张和提拔自己的支持者和学生？"这在舍恩造假案件中得到了充分展示。

综上所述，科学界精英主义的存在是有一定的道理的，精英集团不能因为个别投机分子而受到责难。但是如果发展过分，违背了普遍性原则，它就应该受到谴责，如它在接纳和保留不合格的人以及把本来应该吸收的人拒之门外时，或者被当作保护伞来庇护自己的成员，帮他们逃避它所竭力鼓吹的、适应于所有人的那种检查，等等。精英们掌握着经费分配和人员晋升的巨大权力和影响，所以只有不断地将精英们置于同行评议和论文审查制度的检查之下，精英主义才能保持它的合法性。

9. 科学界竞争环境下滋生科学造假

交流在科学发展中起着非常重要的作用，而交流不充分可能导致造假行为发生。在科学界，科学交流是科学活动开展的前提，同时科学活动的发展也会促进科学交流，换句话说，科学交流与科学活动的关系是密不可分的。任何科研成果只有在交流中才能得到评价和承认，正如默顿所阐述的，在科学活动中，科学家的观念或经验只有通过交流这样的方式才能使得彼此之间的信息得到交换，才能互通有无，才能对科学的发展起到正面的促进作用，可以说，交流起到了促进科学传播和创新的作用。①

按照不同的标准可以对交流进行不同的分类。如根据交流方式的正式与否可以将其分为正式交流和非正式交流。前者是指通过文献如图书和杂志等进行科学交流的过程。后者是指由研究者本人来完成的科学交流过程，如一般的学术研讨会和学术报告会等，与他人开展直接的对话，或者参观同行的实验室等，直接进行交流、交换学习经验。通过舍恩的造假案例来看，舍恩可以说是同时展开两种交流方式，但是没有得到充分的交流：一方面他学习书本和杂志等方面的知识和信息，但没有把书本上的理论理解和内化为自己的东西，没有把别人论文里的数据和实验结果真正转化为对自己有用的东西，而是盲目地引用和借鉴来达到提高自己实验结论真实性的目的。与此同时，舍恩只是单方面地进行科学交流，即他自己和别人的交流几乎为零，具体表现为，当其他研究人员对舍恩漂亮完美的数据、结论和图表曲线提出质疑时，他总是躲躲闪闪、唯唯诺诺，甚至在论文发表后也是闭口不言所有的质疑，最后导致其在错误的科研道路上越走越远。当然科学不仅需要交流，还需要充分的双向交流，这样才能开拓新领域，促进新发现。

合作使得科学造假越来越隐蔽。在大科学时代的今天，合作已经成为一种重要的科学研究方式，很多重大的科学发现都是许多科学家合作而作出的。正如《新英格兰医学杂志》的编辑们说，自从杂志开办以来，合作者的人数不断地上升，如今每篇论文平均有 5 个作者。由此说明，这种上升是与一个研究课题需要许多不同的子课题专家共同参与的趋势越来越突出有关的。但是我们也要看到合作中存在的问题，那就是造假者的造假行径越来越隐蔽。首先，赠送署名为单个人不能完成的工作进行掩饰。随着论文合作者的不断增多，许多研究人员因共同分享一项研究成果而形成了多边互惠的关

---

① ［美］R. K 默顿著，鲁旭东、林聚任译：《科学社会学》，商务印书馆 2003 年版，第 271 页。

系网，那些只对研究项目提供一些方便，并没有作出任何实质性贡献，也根本不知道论文真实情况的人，却主动要求署名权，这种为讨好他们而增加合作者也就是所谓的赠送署名。其次，荣誉作者为造假者提供了一个高效合作的假象。造假者为实现自己的利益，不仅把对自己论文数据知道甚少且不是他所在领域中的优秀人物拉来做荣誉合作者，还把不熟悉此研究领域、对研究工作贡献甚少或者几乎没有任何发现的同事和学生当作合作者，将之一起署名到他所发表的论文上。甚至还出现了伪造名人或者科学权威的签名来填写著作权表格的现象，而科学权威本人却不知道，直到调查委员会质询时才知道真相。由此可以看出，合作中存在的种种问题使得人们很难察觉其中隐藏的造假行为。正当的做法是：合作者应该对发表的论文承担集体责任，既分享荣誉，也要分担责任。

综上所述，我们作出以下几点总结：

首先，科学家的心理原因。学术研究压力大，"不发表（论文）则死亡"导致了"夹生饭"。众所周知，在大科学时代的今天，科学作为一种谋生的职业已经取代了个别科学家的兴趣爱好一说，科学家队伍越来越庞大使得有限的科研资源和资金变得紧张，科研人员的压力越来越大。一个年轻的研究者这样吐露心声："在我所在的这个系里，有一些年长的人会考虑你所做的工作有什么意义，并且，他们会试着去判断你所做的工作有什么长远的影响。但是，越来越多的人只是关注你发表的论文被引用的次数。"他认为，尽管实验室负责人没有迫使他投稿，但是发表论文的压力越来越大，不仅要围绕热点来转移研究领域和方向，而且还要在新的领域里快速发表论文，来提高科研小组的认可度和所在学校的关注度、知名度，在此基础上还要增加论文被引用的次数。所以这样的压力会驱使一些处于"夹生饭"状态的研究工作形成低劣的论文而仓促地发表，其中不乏编造、篡改数据论文的出现，这就为造假行为的出现创造了条件。如此循环发展追逐的不再是科研人员最在乎的那种具有永恒价值的科学真谛了。由此可见，在传统的"不发表（论文）则死亡"的压力之下，一个诚实的研究人员能不能正确看待是关键，压力可以变成一种重要的积极推动力，但是也可能成为一心想跻身于研究者精英行列而进行科研造假行为的动机。我们要知道，科学研究需要有足够耐心和相当技能的科研工作者持久的艰辛努力。

其次，科学界不正当的竞争环境。竞争是科技发展的源泉，也是科技进步的动力。当今科学界日益激烈的竞争尤其是不正当的竞争，因间接引发了科学造假行为而常常受到谴责。在科学领域，存在着两种类型的竞争：一种是体现在科学制度上的，表现在科研活动过程的每一阶段，即课题的申请与评审、课题的选择与开展、论文的发表与应用、名誉的获得与奖励等；另一种是属于个人的，包括实验室同事之间的竞争以及实验室之外与其他研究小组之间的竞争。

科学领域的竞争因涉及科研成果的优先权、学术资源的拥有权和声望荣誉的归属权而与众不同。客观来看，科学界的竞争是科学家努力工作的动力，优胜劣汰的生存法则使他们不断上进，在此过程中也促进了科学的发展。但是科研工作评定标准的不合理性以及过度的压力，使得他们有可能通过非正常手段或途径而达到自己的目的，物极必反，过犹不及，科学界的竞争也不例外。所以要客观公正地对待科学界的竞争，让其按照自己的规律开展科研活动，拔苗助长只会加剧科学界造假行为的出现。

10. 科学家对优先权的强调导致造假行为

在科学界，最重要的事情莫过于优先权。科学社会学创始人默顿曾在科学界的内部动力学中说道："科学界在其影响范围内，通过双重奖励来推行其规范。其一是其原创性被认可。优先权很看重是否有原创性；其二是获得其他科学家的尊重。优先权是尊重的主要动力。任何忽视、否认或窃取优先权的举动都会产生令人无法接受的苦涩与愤怒。"[①] 但凡事过犹不及，科学界过度重视优先权会导致其内部成员造假行为的发生，对此进行研究的有默

---

① ［美］霍勒斯·弗里兰·贾德森著，张铁梅、徐国强译：《大背叛：科学中的欺诈》，生活·读书·新知三联书店 2011 年版，第 77 页。

顿、朱克曼等人。默顿认为对原创性的强调可能诱致科学中越轨行为，即科学界对原创性的承认的过度关注导致这一规则内部出现异常行为，或者说可能因规则的特殊性而导致出现违背规则的越轨行为。① 与此同时，默顿的学生朱克曼从默顿的越轨理论出发，从另一角度阐述，因对优先权的强调而使得研究人员的欲求目标与实现目标的合法手段之间出现了差距和矛盾，导致了科学造假行为的发生，即科学界特有的对优先权的承认的过度强调，使得科学竞争异常激烈，而那些无法合理合法实现自己目标的人就有可能会转向通过非法的途径去实现自己的目标，即可能会抓住任何时机去造假从而使得自己获得更多的承认和认可。所以这一看似自相矛盾的双方其实就是越轨行为的根源所在，换句话说，对科学价值观的过度信奉导致了造假行为的发生。②

总之，科学界对优先权的强调使得科研人员过度重视对优先权的争夺，他们为了对错综复杂的自然界作出某种解释并抢先完成这一步而不惜糟蹋事实，以便使得自己的理论显得更有说服力。不搞科学的人很难理解一项发现的优先权对科研人员来说是何等的重要。正如威廉·布罗德和尼古拉斯·韦德在《背叛真理的人们——科学殿堂中的弄虚作假》中所说，科学界的奖励系统中只认可第一而不认可第二的传统，使得那些没有抢到发现的优先权是没有任何好处的，只会是一个苦果。③ 普赖斯（D. Price）指出："与他们广泛持有的被天然的好奇心把事情做好的希望所鼓动的信念相反，更为现代的研究表现出以占有第一位置为动机的竞争才是真正的动力。"④ 所以，当同对手的成果和具有竞争力的学说发生冲突时，一个科学家常常积极设法间接让自己受人注意，使新的发现挂上自己的名字。

---

① ［美］R. K. 默顿著，鲁旭东等译：《科学社会学》，商务印书馆2003年版，第308页。

② Harriet Zuckerman, *Sociology of Science*, *in Handbook of Sociology*, Newbury Park: Calif, Sage Publications, 1988, p. 522.

③ ［美］威廉·布罗德、尼古拉斯·韦德著，朱进宁、方玉珍译：《背叛真理的人们——科学殿堂中的弄虚作假》，上海科技教育出版社2004年版，第11页。

④ ［美］D. 普赖斯著，任元彪译：《巴比伦以来的科学》，河北科学技术出版社2002年版，第161页。

11. 科学家个人无限膨胀的欲望导致造假

（1）科学家从事科研的动机

在科学界，科研工作者在科研工作中存在着两种类型的动机：一是智力动机，特指科学研究者的好奇心、获得和公布新信息的愿望；二是个人动机，包括每个人不同程度的名利愿望或推进某项目标的愿望。霍勒斯·弗里兰·贾德森在《大背叛：科学中的欺诈》中讲道，当这两种动机和谐共处时，这种意志就会"使社会和研究者都能受益；当一致被破坏时，失职和欺诈就会产生"[①]。于是就产生了两种理论：其一是"坏苹果"理论，研究者智力动机屈服于个人动机使得研究者作出令人谴责的科研造假行为；其二是"烂箩筐"理论，认为科学机构组织方式存在的问题使得研究者的个人动机屈服于智力动机，而使科研造假行为出现。其实这两种理论都是片面的，不能全面概括科学家在大科学时代从事作为谋生职业的科研的动机和需要，即广泛的社会因素可能导致个人动机和智力动机相冲突的情境出现，而科学家的个人品格决定了他们对于个人目标的优先选择以及为达到这一目标所采取的手段。所以要综合考虑。

在大科学时代，作为一种谋生的职业的科研已经代替了科研是科学家的兴趣爱好一说，激烈的竞争和巨大的科研压力使得科学家从事科研的动机——赢得荣誉和博取同行尊敬的欲望变得越来越强烈。从科学史的发展来看，科学家为达目的而不择手段的行为自古有之，而由此换来的承认和名望对于几乎所有的科学家来说都是一个强大的动力。正如齐曼所说，当科学研究变为科学家为了得到雇主的薪金而出力的一种谋生职业时，科学家的那种为高尚真理而献身的精神就会被与其他职业一样的权术、奢望和虚荣所替代。[②]

---

① ［美］霍勒斯·弗里兰·贾德森著，张铁梅、徐国强译：《大背叛：科学中的欺诈》，生活·读书·新知三联书店 2011 年版，第 127 页。

② ［英］约翰·齐曼著，许立达等译：《知识的力量——科学的社会范畴》，上海科学技术出版社 1985 年版，第 310 页。

（2）科学家从事科研的需求

客观地说，虽然科学是以客观和理性为灵魂的，但是从事科研的主体科学家首先是作为社会人而存在，其次才是为科学而工作。他们作为社会人就有着自己的动机和需要，而这些动机和需要甚至私利都不可避免被带到自己的工作中，导致他们在课题的选择、方法选定、实验设计、取样大小、实验结论、数据解释等诸多方面都偏向有利于自己的一面，进而带来偏见和谬误甚至造假。其实威廉·布罗德和尼古拉斯·韦德很早就指出，科学意识形态在通常情况下只会关心科研的过程而不关心研究者的需要和动机，其实这是最为荒谬的，因为科学家首先是作为普通人而存在于社会之中的，他们也有着自身的缺陷和不足，并没有摆脱和其他行业的人一样的奢望和欲望。[①] 科研人员有时为了快速实现自己的需要，急于求成和浮躁的心理导致其作出造假的行为。正如范德沃尔登（B. L. van der Waerden）在1968年写道："一个人只要掌握若干能够明确证明一种新理论的结果，他就会发表这些结果，把有疑问的东西撇到一边。"[②] 赫胥黎（Thomas Henry Huxley）也对科学家追逐名利的复杂性进行了概括：在科学界，勾心斗角的情况并不比其他行业少，甚至本应纯洁的科学界需要靠手腕和世故来达到目的，而不仅仅是真实的水平就可以的。[③] 对于科学家的动机、需要受到的非议，卡隆（M. Callon）给出了公正的看法和评价：研究者想要在科学界立足，就必须积累类似信誉和声望之类的东西作为其资本，这对他们来说是别无选择的。如果他们没有这些所谓的资本，就不能在以后的研究中获得支持，但是反过来说，如果这些资本足够多，就会使得最初的资本增值而让他们获得更多的机会和资本。[④]

因此，科学家自己不能标榜自己是逻辑的操纵者，所做的工作是高尚纯

---

① ［美］威廉·布罗德、尼古拉斯·韦德著，朱进宁、方玉珍译：《背叛真理的人们——科学殿堂中的弄虚作假》，上海科技教育出版社2004年版，第8页。

② B. L. van der Waerden, "Mendel's Experiments", *Centaurus*, 1968（12）.

③ T. H. Huxley, *Life and Letters of Thomas Henry Huxley*, Macmillan, London, 1900, p.97.

④ M. Callon, "Four Models for the Dynamic of Science", S. Jasanoff, etc., *Handbook of Science and Technology Studies*, California：1995, p.25—63.

洁和客观的，是追求真理的卫道士，而对存在的动机和需求过于强烈所导致的造假行为予以否认，也不能像科学社会学学者所认为的，科学家只能被视为技巧、声望、地位以及特定理论和实践的投资者。[①] 我们要公正客观地对待科学家的动机和需要，要把作为社会人的科学家的以私利表现出来的动机和促进科学健康发展的公利结合起来看待。经济学家亚当·斯密在他的经典著作中解释了私欲是怎样导致公益实现的，"即使市场上每一个人都在为谋取最大私利而奋斗，由于有一个有效的市场使得供求双方在最低价格上取得了平衡，所以公共利益还是得到了满足"[②]。这个道理也可以运用到科研领域里，即科学界的每个科学家都企图使得自己的思想或配方得到承认，从整体上说，那些能较好地解决自然问题的配方得到了满足。那些最终占上风的、有用的知识的逐步积累使得科学总知识增加，最终促进科学快速发展。所以科学家们越是奋力追求个人目标，真理就会越有效地从相互竞争的学术主张中应运而生。这是一种良性的发展趋势。

总之，随着人类社会工业化进程以及大科学时代的到来，科学的发展告别了手工作坊的自由探索阶段，转而依赖于国家的物质生产与经济发展[③]，因此科学家在激烈的竞争和严酷的经费压力下获得生存和成功愈来愈难。然而科学家也是人，也有自己的动机和需要，他们并没有摆脱其他行业的人们所具有的感情、奢望和弱点。当一个人对名望过度追求的野心，赢得荣誉和博取同行尊敬的欲望很强烈时，他们会依靠自己的"本领"进行造假，即不惜丢掉科学的客观性，糟蹋事实和数据，对实验数据做手脚，加以修饰，筛选最佳数据来使实验结果更明确，理论更有说服力，来抢先得到同行的承认，这样有利于弄到下一笔研究经费、得到晋升、谋求终身职位、名誉和奖励，提高自己的学术地位。正如埃伯特（Robert H. Ebert）在《纽约时报》

[①] 张立、王华平：《学术不端行为的模型化研究》，《科学学研究》2007 年第 1 期。

[②] ［美］威廉·布罗德、尼古拉斯·韦德著，朱进宁、方玉珍译：《背叛真理的人们——科学殿堂中的弄虚作假》，上海科技教育出版社 2004 年版，第 185 页。

[③] 徐飞、梁帅、王剑锋：《科技与经济互动关系的实证研究——主要国家 GDP 增长与诺奖人数的关联性分析》，《科学学与科学技术管理》2014 年第 3 期。

中提到，医学院的预科学生从进入医学院的那刻开始就一直处于激烈的竞争之中，当他们完成学业，开始科研时，又会面临巨大的压力，不管是发表论文还是争取经费，对他们来说都是不易的，尤其当这样的资本积累可以为他们带来其他的经济利益和职称时，他们就会在这样的诱惑面前作出造假行为。巴尔的摩（David Baltimore）也曾说："由于经费的限制和学术界日益盛行的要求人们出成果的形式主义，研究人员无疑受到了越来越大的压力。我可以肯定，每个人都有个承受极限。"① 尤其是在科学家队伍惊人膨胀的今天，靠虚假成果换来的好处是相当大的，既然好处多，受惩罚的风险小，就纵容了他们作出造假的行为。这在我们前面提到的造假事件中都有充分体现。简·奥斯汀（Jane Austen）在《傲慢与偏见》一书中说过："厚颜无耻者的无耻行为是没有止境的。"②

（二）编辑和审稿人个人固执己见导致的科学造假

1. 编辑的实际运作程序与所宣称的不同

众所周知，在舍恩造假事件中，英国《自然》和美国《科学》这两种世界顶尖的杂志"功不可没"，它们在发表舍恩编造的漂亮数据和捏造的完美实验结果的论文中起到了重要作用，使得舍恩造假不仅得逞，而且越来越大胆，最终以悲惨收场。

（1）英国《自然》和美国《科学》办刊的宗旨和运作程序

英国《自然》的办刊宗旨："将重大的科研成果和科学发现呈现在大众面前，并为科学家提供全世界任何一个自然分支上的最新进展。"③ 而且自2001年起，它开始接收电子稿件，使其稿件审阅的效率加快了，当然也包

---

① ［美］威廉·布罗德、尼克拉斯·韦德著，朱进宁、方玉珍译：《背叛真理的人们——科学殿堂中的弄虚作假》，上海科技教育出版社2004年版，第77页。

② ［美］霍勒斯·弗里兰·贾德森著，张铁梅、徐国强译：《大背叛：科学中的欺诈》，生活·读书·新知三联书店2011年版，第131页。

③ "These Priorities were Reversed in 2000"，Mission：Company Information：About NPG，http：//www.nature.com/npg_ /company_ info/mission.html accessed December 3, 2008.

括舍恩的稿件在内的所有稿件进入评审系统的速度越来越快了。其运作程序是这样的：作者通过互联网的服务器，把自己电子版本的稿件发送到编辑部，而这些具有物理或材料科学等学科博士学位的编辑，通过对论文研究结论的深刻内涵性的判断来决定电子稿件是否有转送到《自然》以外的相关专家那里进行进一步评审的必要性。而对于那些成功通过第一轮评审的论文稿，编辑们将综合衡量同行评审的意见，以及按照此意见的最终修改情况来作出论文稿是否发表的决定。

美国《科学》的办刊宗旨：促进科学的进步，服务于社会。[1] 其运作程序：编辑依据部分来自科学家组成的编委会的一般性意见，从成千上万提交进来的稿件里选出有研究意义的论文，然后交给同行专家审稿，并根据其审稿意见提出进一步的技术意见来评判稿件发表与否。

由此可以看出，一篇文章的发表程序是很规范谨慎的，不仅有同行评审，还有专家审稿，所以大家普遍认为，作为顶级杂志，其所发表的论文都是经过独立专家评审的，文中的研究成果是值得关注的，有着重要的研究意义和价值，甚至给政府、投资者以及其他科学家一种权威的感觉，是一种必然正确的真理，而且可以通过杂志把这种科学研究成果传播到更多的受众那里，最后服务于大众。但是任何程序都有其弊端，甚至有很大的风险，例如舍恩的科研造假学术论文就因为其发表而扩大了恶劣影响的传播范围。

（2）出版商和编辑的压力

首先，编辑评审标准存在问题（编辑通过对舍恩本人及其所在单位的权威性来判断舍恩的论文）。由前面的阐述和分析我们知道了舍恩论文中数据的来源——计算机模拟加篡改，舍恩论文的实验结果的来源——同事或者贝尔实验室外其他科研小组的学术假设。这些漂亮的数据和完美的实验结论吸引了包括杂志编辑在内的科学家的眼球，使他们认为论文极具研究意义，给以很高的评价，并迅速送给其他专家进行同行评审，在获得中肯的评价后就

---

① "*What is AAAS*", http：//www.aaas.org/about accessed December 2, 2008.

马上予以发表。舍恩工作的高效率和具有吸引力结论的论文使得杂志编辑对舍恩的印象很好，评价很高，认为他是对工作有热情并积极努力上进的博士后。他雄心勃勃试图尽可能多地发表有领先地位的论文，使得人们很难去批评这位年轻科学家获得了论文发表的优先权。而且在他们看来，舍恩提交一系列的论文稿也是合理的，再加上他有美国顶级实验室——贝尔实验室的光环，所以对其论文的质量并没有考虑太多。与此同时，两份杂志的编辑对来自于贝尔实验室年轻研究员能快速地、系列地发表有关物理发现的论文稿，他们抱有很开放的态度，因为贝尔实验室的物理学家不必像大学同行那样，既要承担科研管理工作又要完成教学任务，因此他们有更多时间去进行科学研究，进而可以发表更多的论文。即使舍恩发表的论文越来越多，速度越来越快，也没有使编辑产生怀疑。因此，舍恩的论文被称之为"邮件中的宝石"，因具有足够的创新性而很快就通过评审并予以发表。此外，随着舍恩的研究越来越吸引人，他的名声也越来越大，面对具有前景的研究方向和研究成果，杂志编辑认为舍恩的论文稿是有望冲击诺贝尔奖的，被称为"描述经典发现的论文"。甚至出现了两家杂志为获取舍恩的稿件相互竞争的现象，殊不知，舍恩的工作流程是颠倒过来的，编辑被骗了。

其次，编辑重视审稿专家的肯定意见，而不顾其疑问和质疑，忽视二次评审。从英国《自然》和美国《科学》的审稿、发表程序我们可以看到，编辑们对由资深科学家组成的审稿专家组的意见还是比较重视的，相信他们凭权威专业知识作出的判断，但是我们也要看到，编辑在这一过程中所存在的问题——对二次评审的忽视，即评审对论文中的数据或者结论甚至阐述证明过程存在疑问和质疑时，编辑们并没有正确对待，而只是看到了审稿专家的肯定意见。因为在编辑们看来，如果论文是被审稿专家所肯定的，那么论文中存在质疑和疑问都是正常的，是作者与审稿专家之间的真诚沟通，所以编辑们通常不会仔细检查每个问题是否都得到了回复。再回到舍恩造假事件中，编辑看重的是审稿专家对舍恩论文肯定的评审意见，而对于审稿专家对舍恩论文中的质疑与疑问，尤其是在技术方面的争议，编辑们和普通读者对此不感兴趣。所以，他们针对舍恩对审稿专家所要求的具体细节问题是否给予了答复并不关心，不管是舍恩对编辑所提问题轻描淡写的反馈，还是对审稿专家展现整体上令人信服的数据的答复，都会使得舍恩的论文得以发表。而这种趋势愈演愈烈，到后来编辑为了争夺舍恩更多的论文而简化了相对复杂的论文评审流程，如原本需要两份同行审稿专家评审意见才能发表论文，在舍恩这里变成了仅仅一份就足够了；减少了论文的处理程序，如减少了舍恩论文的修改时间和检查时间；等等。最后编辑们对舍恩论文的发表时间的缩短以及发表方式的简化越来越狂热，最终导致了其论文发表速度越来越快。

在舍恩学术造假的最后阶段，审稿专家开始坚持要求得到舍恩实验方法的更多细节，编辑们听从了他们的意见，但是这些审稿专家总体上还是在做着积极的评价。虽然他们此时提出了一些舍恩很难回答的问题，如技术性和方法性的问题，但是在论文接受阶段，编辑们没有去深究这些问题；有时是因为审稿专家没有对编辑反复强调这些问题，有时是因为编辑们在面对肯定的评审意见时，要么是加快他们的审核进程，要么是将他们的注意力集中在论文的潜在意义与可行性上，而不是去继续深究所有的技术性问题。

总之，编辑存在的问题有以下几方面：首先，在思想方面。编辑认为，他们一方面在论文审核时必须走完整个流程，另一方面也不能保证他们刊出的每一篇论文都是正确的选择。正如《自然》的济耶梅里斯（Karl Ziemel-is）说道："我们并不想刊登那些在发表不久后就证明是错误的东西，如果论文发表很久以后才证实内容是错误的，那么我们会将其看做刊登前沿学术研究成果所需承担的风险，也会接受这样的事实。"[①]《科学》的汉森（Brooks Hanson）也说："有时初步的研究结果也能让人深思，并鼓励新科学的出现。我们的目标是科学的进步，那么舍恩的论文推动科学进步了吗？即使一篇错误的论文也能激励新科学内容的产生。"[②]　其次，在行为方面。

① Eugenie Samuel Reich, *Plastic Fantastic: How the Biggest Fraud in Physics Shook the Scientific World*, US: PALGRAVE MALMILLAN, 2009, p.118.

② Eugenie Samuel Reich, *Plastic Fantastic: How the Biggest Fraud in Physics Shook the Scientific World*, US: PALGRAVE MALMILLAN, 2009, p.119.

在大科学时代的今天，科研人员的增多、论文数量的翻番、研究方向的多样和研究题目的复杂都使得编辑的工作压力增大，所以他们在无形之中已经形成一种共识：有时会因为作者的头衔或者所隶属研究机构的声望而对论文进行等级划分，对那些既有创意又有内涵，在前沿领域有深远意义的"冒险"论文，会简化审核程序和评审时间，在论文中出现的所有技术性问题没有给予回答或认可的条件下也发表了论文。这就意味着类似舍恩一样的造假活动在刚刚出现时未必能被揭穿，无形中纵容了造假行为的发生。此外，在出版商的要求和压力下，编辑对所发表论文的要求有了重大变化，不仅要求论文主题确定而有力，而且篇幅要精悍，这样因讨论和结论的被简化而使得论文内容被压缩了，限定条件、注意事项和可能的解释或者被削减或者被删除。论文中越来越多地出现"数据从略"一类的说明，这会诱使作者可以通过这种方式伪造、篡改、捏造数据而逃避审查，出现造假行为。最后，在环境方面。在大科学时代的今天，面对日益庞大的科研队伍，面对日益增多的杂志，任何质量低劣的论文可能被较好的杂志拒绝，但只要作者不死心，它们迟早可以在别处找到出路，所以编辑并不能确保低劣的或带有欺骗性的论文不被发表，他们不会很轻易地把麦粒和麸皮分开来。

2. 审稿者个人因素所导致的科学造假

通过对舍恩造假案件的阐述和分析，我们可以看出《自然》和《科学》的审稿专家们对舍恩稿件的处理意见：既推荐论文的发表，又对论文提出疑问，在对舍恩的答复感到失望的同时还是最终同意了论文的发表。

首先，审稿专家们在审稿过程中针对贝尔实验室以外的其他研究小组不能成功进行重复实验来验证舍恩许多工作上的问题，要求舍恩给出实验方法的更多细节，以便其他科学家顺着其论文思路成功地再现他的发现。对于舍恩没有给出让人满意的答复的问题，审稿专家们因舍恩论文结果的重要意义而依旧支持其论文的发表。其次，对于舍恩受到的其他质疑和疑问，舍恩用他惯用的伎俩——不同的实验数据组之前的高度一致性，以及在以后的研究中会解答所有的疑问，而且编造一组数据来证明现在已经取得了一定的重大研究进展等这样的答复，来蒙蔽审稿专家们。面对这样的解释，审稿专家虽有些失望，但还是相信了舍恩的解释，建议所有的科学家应该相信这些结果，并未意识到他抄袭数据以及伪造数据的可能性。再加上有资深科学家明显被舍恩的实验数据所打动，所以能在没有走完整个评审流程的情况下就让其论文得以发表。最后，在评审过程中，整个过程的保密性以及审稿专家身份的保密性虽然可以使稿件能得到公正对待，但是审稿专家们对舍恩论文稿评审意见的保密性，却使得舍恩的造假论文从评审到最终发表的整个过程都成了一个"黑箱"。针对评审意见的保密性，唐纳德·肯尼迪（Donald Kennedy）在担任《科学》编辑时讲道："如果审稿专家公开谈论某篇已发表论文的评审意见，那么将不再邀请他们做审稿专家。这样做的目的就是不让别人对编辑为何作出独特的编辑决定说三道四。"[①] 由此看来，这三点足以促使舍恩造假行为能够实现和造假论文得以发表，最终也导致舍恩以悲惨结局收场。

总之，在审稿过程中审稿专家存在的问题有以下方面：

第一，审稿人的随意因素影响稿件的评审与发表。众所周知，论文评审是一个合理的信息收集过程。审稿专家们对稿件的创新之处以及稿件对促进科学进步潜在的作用都是其评审论文稿的基本条件和标准。如果一篇论文因评审意见促使编辑拒绝发表之，不大可能是因为审稿专家发现这篇论文中有技术性错误，而是因为评审意见提示了编辑，这篇论文并不像他认为的那么重要。这就是评审专家权威的专业知识在评审过程中的重要作用。

与此同时，我们也要看到，评审专家们对论文质量的审定，很容易受到随意因素的影响。按照科尔兄弟对于此研究的结论，我们可以推测，评议过程越是合理，评议人对同一申请或论文的意见就应该一致。在舍恩造假事件被揭露后，我们纵观其论文的评审意见，可以看到舍恩论文稿得到的评审意见分歧特别大。有些审稿专家因被舍恩提供的数据以及实验结论所吸引而支

① Eugenie Samuel Reich, *Plastic Fantastic*: *How the Biggest Fraud in Physics Shook the Scientific World*, US : PALGRAVE MALMILLAN, 2009, p. 107.

持其论文的发表，而有些专家则因舍恩实验的不可重复性、数据太过漂亮、结果太过完美以及对被质疑问题的回复令人失望而拒绝其论文的发表，还有些审稿专家因事务繁忙而对其匆忙评审草草了事。所以，造假者利用审稿专家审稿的随意性而通过了论文的审核，使得论文最终得以发表，造成恶劣的后果。可以试想，如果审稿专家们对缺乏详细信息供他们审查、跟踪和测试数据的论文能认真对待，让这些论文的作者提供让人满意的答复后再决定其论文的录用与发表与否，而不是面对那些激动人心的数据而全然不知所措，草草地作出决定，这样就可以避免造假现象的出现。

第二，审稿者个人的偏好在论文的评审中也起着重要作用。在 20 世纪下半叶，随着期刊的膨胀发展，编辑人员开始引入正式的质量检查控制制度，即编辑人员在决定是否发表一篇论文之前，会先将论文稿提交给专家审查，这个过程被称为同行评审。其目的是希望通过同行专家的审查剔除不合格的论文，包括那些不是原创的论文，或是有逻辑漏洞、结果不确定、含糊不清的论文，或是其结论与数据不符的论文。这些论文稿或是被拒绝发表或是发回给原作者并给出修改建议。但是，在论文的审核过程中，审稿专家的个人口味或个人偏好不可避免地会影响其客观判断和评价，使得审稿有时很不可靠，甚至会作出不公正的行为。"同样的稿子因审稿人不同而遭遇完全不同的命运。当它是肯定的时候（即合了审稿人的口味时），审稿人的意见一般都是略加修改可以发表。结论与审稿人的观点不同时，评价则相当低。"[1] 如审稿专家在编辑传送给他某篇论文之前已经看过这篇论文（按照科学界的规定，看过论文的人是不能再当评审人的），当论文研究课题正合他意时，就会敦促论文尽快发表，而不管对他提出的关键性问题有没有任何相关的答复；反之如果不合他意，就会直接否定、拒绝发表。

第三，审稿过程中"哥们系统"暗箱操作的存在。20 世纪后的大科学时代，大多数科学家不再是传统的、以绅士身份出现的科学家了，而是受雇

---

① Michael J. Mahoney, "Publication Prejudices: An Experimental Study of Confirmatory Bias in the Peer Review System", *Cognitive Therapy and Research*, 1977 (1).

于某个机构并由纳税人对他们进行资助的工作者，而资助的经费额度往往基于他们发表的科技论文的数量和质量。科学评价机制和发表论文的激励机制本身固有的缺陷，使得论文的数量在一定程度上比论文的质量意义更为重大，这不仅是科研人员在科研道路上继续前进的动力，而且与其职业前景甚至经济利益密不可分。所以发表论文的数量与是否得到更多的资助、永久性的工作职位以及此后升职的职业奖励是紧密相关的。而此时在同行评议和论文审稿过程中形成的、由在精英集团和机构中挑选出来的审稿专家组成的"哥们系统"却为他们发表更多的论文创造了便利的条件。这些"哥们系统"中所谓的科学把关人，利用职务的便利以及彼此之间的相互利益关系，在行使职权时就会滥用审稿权，破坏评审的公正性和有效性，在这个垄断游戏中，对隶属"哥们系统"中的科学家及其学生一路开绿灯，使得其论文多多发表，一些新人的有新思想和科学突破的的论文反而得不到发表。

在大科学时代，随着科学家队伍惊人的膨胀，虽然杂志的数量和种类也在增多，但还是追不上论文增加的速度，发表论文越来越难。随之而来的还有研究课题变得越来越复杂，这就使得投稿者受到编辑施加的压力（编辑要求论文篇幅短小精悍、内容主题确定而有力）。于是论文被浓缩了，数据和结论被简化了。限定条件、注意事项和必要的解释或者被削减或者被删除。论文中越来越多地出现"数据从略"一类的说明。这些会诱使投稿者变得粗心或者更糟，甚至会出现实验数据还没有出来就把它写成论文提要加以发表。这样就会出现一个科学准确性的问题，即一篇研究论文所表达的观点是否就是撰稿人对于被报告的研究工作的真实看法呢？如果是利欲熏心的人利用杂志编辑的"数据从略"这一缺陷进行数据造假，在实验数据上搞浮夸，进行漂亮的修饰再加上完美的语言描述，这就有可能给舞弊者的造假行为提供了藏身之地。正如佐治亚大学生态学家高利（Frank Golley）在1981年生物学编辑委员会年会上说的："我们现在面临的问题是，要保证出版质量代价太高，工作很困难。一个人伪造数据或者剽窃他人的论文或者申请经费的报告，是不大会被人察觉的。《科学》杂志报道了一些令人震惊的不道德行为的案子，但我以为，这些案子只不过是冰山一角而已。"

诚实的科学家们有时候会在经历一轮评审后提供与上次不同的数据。如果评审专家在某项实验设计或实验分析中发现确实存有问题，该科学家是可以通过重复研究工作来解决这个问题的，这时两轮数据出现不同就是合情合理的。审稿专家的工作就是向作者提出问题并寻求解释，他们一旦从精心设计的实验中看到有规则的数据出现时，有责任提出让这些数据获得公开验证的意见，哪怕他们还不相信通过这些数据所得的科学论断是正确的。实践证明，仔细周到的评审还是有希望来预防学术造假行为发生的。在某种程度上，一个人或者其研究小组成员提供的信息越多，论文造假被揭发出来的可能性就越高。

3. 科学界对揭露造假行为的避讳以及对科学自我纠错机制的过分信赖

（1）在舍恩造假事件中，其他研究小组对舍恩数据的过分信赖

其实，由舍恩造假事件可以得知，自始至终，舍恩的实验数据和最终结论都无法被贝尔实验室的同行以及其他研究小组的研究人员所重复，而这样漂亮的数据以及完美的实验结论一直吸引着从事相关研究的所有科研工作者。在他们看来，舍恩工作于全世界最先进最著名的实验室，舍恩的研究在全世界也处于领先地位，根据科学界的优先权原则，舍恩论文的发表已经使得他获得了这一方面研究的优先权，所以只是期望通过自己能重复舍恩的实验来得出与他一致的实验结果，从而跟上舍恩的研究步伐。但是舍恩的实验结果却无法被重复，大家有同样的感受，"我们考虑了各种各样的细节，但最终还是没能取得成功。和舍恩相比，我们就像是一群门外汉，而他就好像是一位超人"①。

然而即使面对无法重复的实验结果，在这些研究小组中依旧没有一个小组会想到问题会出现在舍恩的研究上，而只认为，他们是在普通的大学实验

---

① Eugenie Samuel Reich, *Plastic Fantastic*: *How the Biggest Fraud in Physics Shook the Scientific World*, US: PALGRAVE MALMILLAN, 2009, p. 143.

室里做研究，没有舍恩本人拥有的专业知识及其隶属于贝尔实验室所拥有的大量技术支持，对于这些领先的研究成果没有被重现只是自己的问题，也是理所当然的，所以对舍恩的实验结果很信赖，并且一直努力再重现。到后来面对越来越多的对舍恩研究成果的质疑声，不同的研究小组采取了不同的策略，有的小组很快就放弃了继续跟进舍恩的研究，但是却没有一个人对实际发生的事情下一个确切的结论，也没有一个人因为无法复制舍恩的实验而站出来指责他造假。而有的小组却安下心来更加努力地去尝试各种方法。即使一直在努力重现舍恩研究成果的研究小组和研究人员中也曾一瞬间在脑子里冒出对其结果有效性的质疑，但是这种质疑马上就消失了，因为大多数人都不愿意将自己重现舍恩实验失败的原因归结为舍恩的结论存在错误。有时甚至会坦然面对他们不得不冒险将自己全部身心投入到新研究领域中去的必然失败，并由此激励自己应该付出更多的努力和学习更多的专业技能。

此外，在对舍恩研究成果的质疑声中曾经出现过一次抗议报告，一位物理学家对于舍恩这种用物理理论来解释所有实验观察结果的方法非常气愤，怀疑这种方法根本不能判断这些结果正确与否，甚至臆测过舍恩研究成果的欺诈性。但是这一接近真相的想法仅仅是昙花一现，他并没有真正认为舍恩的数据是伪造的，而是告诫贝尔实验室要向重现此实验结果的研究员提供所需的研究数据和实验技巧。仅仅是这样的一次抗议报告的建议却被这一学术领域的专家否定了，不仅因为其平时工作中存在的强烈的怀疑态度，而且还因为其非专业性使得他随意简单谈论学术造假是非常不合适的。所以在此领域的专家看来，凭借他们已有的证据是不可能猜测到舍恩的研究成果有问题，同时却鼓励他的学生们也要如此做，不能认为事情发展到了讨论学术造假的程度。那些怀疑舍恩可能存在学术造假的研究人员并没有向贝尔实验室的负责人正式指控其学术不端行为，也没有试着去搜集和公布舍恩造假的具体证据，更没有公开宣布他们的猜疑。甚至到最后，发现舍恩两篇论文中使用了相同数据的问题，仍旧没有怀疑他伪造数据，而仅仅被认为可能是无意之间的笔误。

由此可见，来自贝尔实验室的光环，再加上舍恩的"专业性"以及"领先的研究方向"，都使得那些年纪轻资历浅又缺乏自信的研究人员对舍恩提供的数据以及研究成果给予了绝对信任。另外，科学家们擅长的是检测单纯性的技术性误差，而不是鉴别造假，因为他们的科研之路都是建立在信任的基础上的。

（2）科学家对科学自我纠错机制的过分信赖

在舍恩造假事件被揭穿后，科学家们依旧认为彼此信任是科学研究得以开展的重要基础。所以他们对于包括舍恩在内的所有科研人员所从事的科研活动都是很信任的，不会去怀疑他们说谎或者造假。在外人看来过分信任一位研究人员是很冒风险的，但在科学界却相反，科学家们之所以这样是因为他们对科学的自我纠错机制的信赖，在他们看来，这一机制使得科研变成一个自我纠错的过程，不仅会使得那些撒谎的研究人员的任何造假都会被揭发，最为重要的是将来的研究会解决任何存在争议的问题。切莉·默里（Cherry Murray）和萨斯瓦托·达斯（Saswato Das）于 2003 年在《自然——材料学》上撰写过相关的评论，认为科学的自我纠错机制是其最大的魅力所在，尽管它发展缓慢，但是一直在发挥作用。[①] 这句话表达了两层意思。第一层意思是，对于科学的自我纠错机制，我们不能对其要求过于苛刻，因为对于像舍恩这样的造假者而言，如果不顾对职业道德的违背而去造假的话，这样的造假行为很难被发现。再加上科学界彼此之间信任的存在，无证据的怀疑是不合理的。正因为如此，舍恩能够在贝尔实验室的监管制度下肆意造假，却难以防范。第二层意思是，对于像舍恩那样的学术造假，我们并非是无能为力的，科学的自我纠错机制注定会使得造假者的造假行为被曝光。而在学术造假事件被曝光后，包括贝尔实验室在内曾发生过造假事件的实验室，其工作依旧在井然有序地进行着，虽然被影响，发展有些缓慢，但是还是在继续前进。由此我们可以看出科学家对科学的自我纠错机制是过分信赖的。

---

① Eugenie Samuel Reich, *Plastic Fantastic*: *How the Biggest Fraud in Physics Shook the Scientific World*, US: PALGRAVE MALMILLAN, 2009, p. 7.

其实在舍恩造假事件中，科研体制中的自我纠错程序确实发生了，但其偶然性与完全缺乏组织性，使得在这整个过程中那些提出疑问的研究人员一直在怀疑是不是自己弄错了，假如以此来与有组织的军队相比，科学家们信赖的进而接近事实真相的这一自我纠错过程更像是一场游击战争。整个纠错过程竟然和学术造假事件本身一样充满了偶然性，带有很大的人为因素。如果有什么不同的话，那就是科学纠错过程可能要显得更加糟糕一些。因为，相比舍恩一心一意地发表论文的决心来说，科学纠错的过程显得更缺乏条理性，更没有组织保障。

同时，在舍恩事件中，科学造假确实得到了纠正，然而却不是科研体制中自我纠错机制的作用，而是由于个别科学家的努力才得以实现的。在这次纠错过程中持怀疑态度的科研人员更有可能找到、指出或揭露现有科研成果中的不足，他们最初可能只是把它们视为一个笔误或者一次实验假象，但是对于舍恩事件这类精心炮制的"学术幻想"来说，这些被关注到的地方很快就会变成造假"成果"的致命伤。

（3）科学家对于揭露造假的真正顾虑

在科学界，科学家的目标是追求真理，发展科学知识，其应有严谨的科学态度。对科学造假的态度貌似很明确，即对科学造假是厌恶的甚至是不能容忍的。当他们面对无所顾忌、高调吹嘘的学术主张时，会更倾向于去揭发它，使之在公众面前曝光。但是从包括舍恩案件在内的造假事件中，我们可以看出，科学家在揭发造假方面确实是有所顾忌，甚至是忌讳的。之所以这样，最重要的原因是他们不想搞成冤假错案。就公开揭发科学造假的整个过程来讲，科学造假者和揭发者双方有可能原先在一起工作，且评估时主要依靠内部证据，因为外部人员去评估这种造假事件是极其困难的。因此，公开揭发科学造假的风险性和可能违背科学的伦理性都使得揭发者会有来自两方面的风险：一是使得清白的科学家蒙上不白之冤，二是引发的政治干预伤及其他科学家。

由此可以看出，科学家的种种顾虑使得其实际行为与理想所标榜和声称的不一致，甚至导致那些持有怀疑态度的科学家们在揭发科学造假的过程中，往往也不会将自己看成是"造假揭发者"。相反他们会觉得自己只是问题的批评者，至于是否应该展开调查，还是建议留给相关的管理部门去考虑和斟酌。这样的心态也在一定程度上意味着当今的科学家并不想挑战种种忌讳，不想私底下或是向官方揭发学术造假，或是在必要的时候将事件公开。这样的心态也使得科学中的造假行为只能依靠相关机构管理人员凭直觉来行事，而无法依据规章制度来行事，这就让造假者有恃无恐，导致类似舍恩的科研造假行为的出现。

（三）科学权威对科学创新的态度导致科学造假

1. 科学权威的形成及积极作用

众所周知，在科学界，科学权威是根据自身具有独创性的科学发现和成果，并被科学同行直至科学界承认、认可后，经优势积累而逐渐形成的，其作为科学界分层的顶端，对科学的发展具有重要的作用，指引着科学发展的方向。

首先，在科学界，作为某一专业领域的权威，指引着科学发展的方向。科学权威拥有着专业和学术的权威性，不仅对本专业知识的深度和广度有着深刻的了解，对其发展方向有着全面的认识，还会利用这一专业的分支研究方向而开拓一个全新的领域，促进这一学科不断走向成熟和发展，引领科学发展潮流，不断开创新的领域而引导科学健康发展。

其次，科学权威在培养人才方面发挥着重要的作用。科学权威作为某一研究领域的专业人士，不仅有着扎实的专业知识功底，还有着独创性的发现以及所开辟出来的更为专门化的领域。最为重要的是这样的科学知识的不断积累和新的研究领域的不断开辟，都会给研究人员提供新的研究方向，而不是让他们在研究方向上杂乱无章和在理论研究方面无所适从，能及时地给予他们有效和明确的指导。与此同时，在科学权威的指引下，研究者可以在前人的工作基础上进行研究和突破。尤其是科学权威自身独创的研究方法和科学思想等，都会深刻影响到其专业领域的研究者，让他们将其运用到自身的科学研究中，对其起着很好的指导和培养作用。

再次，科学权威通过作为科学交流的媒介来促进科学的发展。科学权威作为学术交流的中心人物，其杰出的科研能力和科研成就使其通过科学交流这一方式在普通研究者之间建立起桥梁，起到连接作用。而这样一种间接的沟通关系的建立，可以使包括科学权威在内的研究者之间及时地掌握科研的最新动态和信息，通过信息的交流和交换避免重复性的研究，还能共同切磋碰撞出新知识的闪光点和新思想的火花，有利于科学发现和结果的作出。尤其是学术会议和学术报告会等形式的科学交流会，不同学者的参与并汇报最新的科学研究和科学发现，百家争鸣状态和氛围的形成，不仅可以让大家学习和见识最新和最前沿的研究，还有利于指出其研究的不足，给出建设性的建议和意见，让其在后续的研究中走得更远，更快或者更多地作出新的科学发现，进而促进科学的快速发展。

最后，科学权威作为评议人对科学界进行管理。在科学界，科学权威因其深厚的专业功底及其对学科前景的良好判断力而充当着"科学看门人"和"科学把关者"角色。通过一定的科学标准对学术中的科学发现和成果进行优胜劣汰的评价，发挥着过滤器的作用，把质量高的发现和成果纳入科学知识体系中，而把质量低的发现和成果排除在科学知识体系之外，进而保证科学系统的正常运行，促进科学的发展。

2. 科学权威对科学创新的态度

我们在分析科学权威对科学发展的重要功能作用的同时，也要看到，科学权威因多种因素不能正常和适当地发挥其功能作用而带来的负面影响和消极作用。尤其在对待科学创新的态度上，冷落抵制的态度在科学史上不乏实例，而这一态度给科学发展所带来的危害是显著和醒目的。不仅作为专业权威的带头人作用不能正常发挥，而且最为重要的是对科学新发现和新成果的压制阻碍了科研新手的发展和成长。而科研新手得不到应有的承认，他们就会自暴自弃甚至会为了获得认可而迎合科学权威的期望作出造假的行为。不管是哪种结果都会对科学的发展有百害无一利。

（1）科学权威对自身的知识水平、科学方法和思想的过度自信所导致的对创新的排斥

在科学界，科学权威因其自身独创性的发现被承认和被认可而获得了权威的角色和地位。但是他们也是人，其科学研究并非一贯都是正确的和出色的。尤其是在大科学这一科学迅速发展的时代，科学知识的更新速度不断加快，相关的科学方法和科学思想日新月异，这些都使得科学权威的知识、方法和思想面临被取代和更新发展的可能。所以，当科学权威把自身所具有的相对性思想绝对化，或者说在评议他人的创新成果时处于保守的状态，过度沉醉于自身的成就和方法而不能自拔，不顾其思想和方法的缺陷和局限性，过于偏爱而不能突破，甚至因思维定式或僵化而产生对科学创新的排斥和抵制，难以接受新成果、新思想和新方法，这样就会影响科学发展的新方向，影响科学的创新而最终导致科学研究的停滞。而这些创新的思想得不到公正的评价，就会导致科研新手可能通过走捷径的科学造假行为来达到自身的目的，这就变相地促使科学造假行为的出现，阻碍科学的正常发展。

（2）科学权威因自身利益特别是优先权问题而导致对科学创新的拒绝

众所周知，在科学界，不管是在小科学时代、科学建制化时代，还是在大科学时代，优先权问题对包括科学权威在内的科学家来说都是至关重要的。所以科学权威对其因独特性的科学发现被认可后获得的专业权威地位是非常看重和珍惜的，由此形成的对自身优先权的保护也是理所当然的。但是其把某一研究领域当作自己的私人领域或"禁区"而不允许外人"侵入"，也就是不允许新的创新思想对其思想和方法产生威胁甚至是推翻。换句话说，不相信也不愿相信自己的学术成果会被年轻人所超越。虽然有些科学权威并不排斥为科学界发现和培养科学人才，但是当这些人才的科研成果超越自己时，就会对他们进行打击和压制。他们这样的自大心理和嫉妒心理也会对科研新手的创新思想进行压制和排斥。这不仅造成科学人才被埋没，创新精神被扼杀，科学事业的发展受阻，而且对科研新手来说，其创新思想得不到相应的认可或承认，会让其对自己的新理论和新发现产生动摇甚至是放

弃，更有甚者作出造假行为来附和权威原有的发现。如此种种，都会对科学发展产生恶劣的影响，阻碍其健康发展。

（3）因科学创新的特点与当前科学权威所认可的范式相左，导致创新被排斥

在科学社会学中，库恩提出的科学发展模式是：前典范阶段（百家争鸣）—典范建立—常规科学—反常—科学革命（新典范的建立，再重新开始新的循环），或者是表现为前科学—常规科学（形成典范）—反常—危机—科学革命（新典范战胜旧典范）—新常规科学。[①] 如果科学权威因自身的科学发现或成果而使得科学进入常规科学阶段后，就会在常规科学的界线内进行科学研究，遵守其中的范式继续作出研究和发现，这也是科学权威所能接受和认可的。换句话说，当科学创新的思想和成果超出了既定的常规范围成为科学权威所认定的反常时，他们就会被科学权威当作异端，遭到拒绝和排斥。正如默顿所说，在科学界，许多科学创新因具有异端性而得不到相应的关注和认可，甚至可能因对常规范式的背离而受到强烈谴责，最终成为不幸的人。[②] 对于这一问题，库恩从范式内部交流的角度进行了分析，他认为，如果科学创新超出了范式，那就会导致与范式内部的交流和专业看法不一致，沟通的障碍和意见的严重分歧导致创新不被认可。这样就导致了和前面所说的一样的结果，挫伤他们自信的同时可能会影响具有科学潜力新生力量的职业生涯，使得他们过早地脱离科学界，从而使科学界失去有潜力的科学人才。甚至还可能使这些科研新手为了在高度职业化的科研中生存和谋得一席之地，作出造假行为来附和科学权威的希望而逃脱他们的详细检查，对科学发展造成不良的影响。

（4）科学权威对那些符合自己期望的科学创新盲目接受，尤其是导师对自己学生创新的盲目接受，在舍恩造假案中充分体现

前面三点是对科学权威因种种原因对科学创新的排斥和拒绝的分析，但

① 王巍：《科学哲学问题研究》，清华大学出版社 2004 年版，第 115 页。
② ［美］R.K 默顿著，鲁旭东、林聚任译：《科学社会学》，商务印书馆 2003 年版，第 597—598 页。

是科学权威的这种排斥和拒绝没有在舍恩身上发挥作用，也就是说科学权威没有把舍恩拒之门外。舍恩对其研究领域的科学权威的最新研究成果、模式、思想和评价方法都深入了解，通过造假的方式作出了权威们一直想做却没有做或者说一直在努力做的科研成果。这种成果又是权威们所乐意看到的，而且最为重要的是符合科学权威们常规科学范式的内容甚至是应对反常的重要成果，尤其是那些应用性强的科学研究，其成果转化后所带来的意义也是极其重要的。有时某一造假成果还是科学权威独创性发现的继续或者说是在此基础上的深入研究，对科学权威专业地位和威信的进一步树立有很大的帮助。换句话说，某一科学创新思想或成果能否被合理认可和承认，取决于新手的这一创新所归属的科学派别在科学界的竞争中是否占有重要地位或者上风。所以类似舍恩这样的造假行为就逃脱了权威们的视线而得以发生了。

总之，通过前面的分析我们可以得知，在科学界科学权威因自身独创性的科学发现被认可而成为某一专业领域的权威，其在科学发展中发挥着重要作用。同时，我们也要看到，他们在对待科学创新态度上所产生的不利影响。不仅因受到个人知识的局限性影响，囿于自己固有的模式，从而对创新成果和想法的接受能力减弱了，甚至因受到自身固有理论的惯性以及先入为主的影响而排斥和拒绝科学新发现，因优先权的问题而拒绝接受自己的学生或同行的新思想和新方法，或者是由于新成果游离于常规范式之外而被他们排除在外，等等。我们还要看到，科学权威对类似舍恩的这种科学创新的认同，是出于自身所期待的和所期望的结果而作出的。如此种种对待科学创新的态度，都会对作出科学发现和创新的包括科研新手在内的研究者不能给予合理和公正的承认。这样就会对他们产生恶劣的影响，变相鼓励他们作出造假行为去迎合科学权威而获得认可，从而阻碍科学研究的发展。

第四章　科学造假的败露机制

一、从美国冷核聚变事件看科学造假的败露过程

1989 年 3 月 23 日，在美国的盐湖城，美国犹他大学的庞斯（Stanley Pons）教授和英国南安普顿大学的弗莱希曼（Martin Fleischmann）教授召开了一次不同寻常的记者招待会，他们在会上向世人宣称，他们用电解重水的方法在室温下完成了原来要在几亿摄氏度的高温下才能发生的核聚变反应。人们又称之为"试管中的太阳"。但是假的终归是假的，在追求科学真理的道路上最终会被揭穿。下面我们根据从 1989 年 3 月 24 日开始到 1990 年各大媒体的跟踪报道来看看这一造假是怎样被揭穿的。

（一）关于冷核聚变的基本物理学知识

在物理学中，核能只有在物质的原子结构发生变化时才能释放，它可以通过两种不同的方式释放出来：一种是裂变，即由重原子核裂变为轻原子核；另一种就是聚变，即较轻的原子核聚合成较重的原子核。裂变很容易发生，作为原子弹和核反应堆能量来源的铀的裂变就是典型的例子。但是聚变却没有那么容易，因为原子核都带正电，它们之间相互排斥，只有在高达几亿摄氏度的超常高温下，才会发生聚变。自然界中有两种聚变：一种是最容易实现的氢同位素之间的聚变，太阳的能量就是通过内部的氢核聚变产生的；另一种是氢弹，但是它的能量是完全不能控制的。

在物理学中，由受控核聚变所产生的新能源是非常吸引人的，因为它的原料——重水可以从海水中提取，可谓取之不尽、用之不竭。然而，受控核聚变的发生需要几亿摄氏度的超高温，所以这一聚变的实现是一个异常艰难的工作和工程。自 20 世纪 50 年代开始，许多国家都在进行实验，虽为此耗费了巨额的资金，但迄今仍未取得真正突破，实际应用也更是遥遥无期。所以当庞斯和弗莱希曼在记者招待会上宣称实现了这一实验时，这条爆炸性的消息在国际科学界像是投下了一枚重磅氢弹，在世界的每个角落都发生了连锁反应，各大实验室纷纷进行重复实验，而这一科学造假也是在此后的重复实验过程中被揭露的。[①]

(二) 冷核聚变事件被揭露的过程

1. 冷核聚变事件的出现及其被怀疑

在冷核聚变实验中，庞斯和弗莱希曼制作了一个简单的用铂电极作为阳极、钯金属作为阴极的电解槽，在这个玻璃制的常规电解池中充满含有氘原子的重水，然后通上电流，电流就从阳极流向阴极，就会使得氘原子核由重水流入钯晶格中，从而在那里发生聚变，同时释放多余的能量。由此可以表明核聚变发生的种种迹象是热和核的副产品，如中子以及微量的超重原子——氚。在犹他州的实验中，庞斯和弗莱希曼有两种证据支持其主张：超热及核产品。那我们就从这两个角度来看看冷核聚变事件是怎样被揭露的。

1989 年 3 月 23 日，在庞斯和弗莱希曼宣称实现冷核聚变时，立刻遭到了物理学家的怀疑，因为他们很难相信挤在一起足够的氘原子核可以发生聚变。他们认为，钯虽然有令人惊奇的吸收大量氢的能力，电流的流动会使得钯的晶格"充满"氢而使得晶格内的压力突然增加来克服、阻止核聚变发生的正电荷的障阻，但是这样做成功的可能性很小。就在那晚，麻省理工学

---

① 任本、庞燕雯、尹传红编著：《假象——震惊世界的 20 大科学欺骗》，上海文化出版社 2006 年版，第 166 页。

院一群富有魄力的学生在看过一部电视新闻节目（仪器仅在其中被短暂展示过）的录像后，开始了首次重复这项实验的尝试，但是没有成功。

1989 年 3 月 24 日，就在记者招待会的第二天，虽然世界各大实验室都在盲目重复此项实验，但是一些包括普林斯顿大学等离子体物理实验室、加利福尼亚的劳伦斯·利弗莫尔实验室、洛斯·阿拉莫斯国家实验室和麻省理工学院实验室等知名大学的实验室的科学家们在面对记者的跟踪报道时，还是很谨慎地发表了自己对此实验的态度。他们都对此实验拒绝发表评论和进行评估，直到实验的具体和必要的技术细节在科学杂志上公开发表时，他们才参与讨论这一实验结果。[①]

1989 年 3 月 27 日，美国马萨诸塞州技术学院的等离子体聚变研究中心主任 Ronald R. Parker 说道："现在我们对整个事情感到非常困惑。不明白所涉及的基本物理原理是什么。"[②] 与此同时，化学家同样感到困惑。因为重复犹他州冷核聚变实验不仅需要等待庞斯论文的发表，而且还需要按照犹他州公布的实验数据做几个星期实验才能成功。也就是说重复这一实验是有条件的，这样的低重复率使得其他科学家对此实验的怀疑加深了。

1989 年 3 月 28 日，在面对全世界轰轰烈烈的重复实验的热情时，一些谨慎的科学家们再一次批评了犹他州对于科学发现的披露方法，表明了全世界的科学家都在热切地期望实验能够有足够的细节，希望其公开必要的实验步骤去证明这一科学声明。[③]

1989 年 4 月 11 日，德克萨斯农业和机械大学的科学家说，他们已经部分复制了犹他州的实验，证实了犹他州的实验结果——获得了多余的热量。[④]

[①] Paul Recer, "Scientists Skeptical, But Intrigued By Utah Fusion Claim", *The Associated Press*, March 24, 1989.

[②] E. Jerry Bishop, "Scientist Sticks to Test – Tube Fusion Claim – But Pons Says Other Reactions May Also Be Present", *The Wall Street Journal*, March 27, 1989.

[③] W. Malcolm Browne, "Fusion in a Jar: Announcement by 2 Chemists Ignites Uproar", *The New York Times*, March 28, 1989.

[④] W. Malcolm Browne, "Claim of Achieving Fusion in Jar Gains Support in 2 Experiments", *The New York Times*, April 11, 1989.

与此同时，佐治亚理工学院的研究人员说，他们已经检测出聚变反应中产生的中子。这就更证实了犹他州的实验结果的言论。仅仅过了两天，也就是在13日，德克萨斯农业和机械大学的科学家说，他们的实验虽然得到了很多的能量，但不确定是否是核聚变的结果。因为他们的超热测量结果也因为温度与设备热问题而取消。① 与此同时，佐治亚理工学院的研究人员说，虽然在实验中产生了中子，但是不确定多少能量被产生。② 到后来才被证明，这里犯了严重的错误：他们的中子检测器原来具有热敏感性。

1989年4月14日，佐治亚理工学院的一位发言人 John Toon 说，有缺陷的实验仪器有可能影响实验结果。它可能已经提供虚假的读数，显示出比实际更多的中子。所以他们的研究人员正努力重复他们早期的工作，但是却不能成功重复这一实验，这样的低重复率使得研究人员不知道是个人问题还是普遍问题。"以前确实没有人看到过这样的事情，我们不知道是我们的仪器问题还是固有的技术问题。我们试图去找出中子读数是由于仪器的误差。"③

1989年4月19日，伊利诺伊大学厄巴纳—香槟分校的化学教授 Larry Faulkver 称："在犹他州二人的实验中，能量的平衡是一个问题，我们不得不证实大量来自实验室装置的能量与二人说的一样多。"④ 庞斯和弗莱希曼说他们发现中子是由氘原子聚变产生的，但这种聚变反应并不能解释多余的热量问题，实际上化学反应可以解释多余的热量问题。他们还声称从核反应中得到了一些不产生中子和其他辐射的能量，而这恰恰与我们所知道的核反应原理相反。所有这些都让实验物理学家和理论物理学家的怀疑越来越多。

1989年4月21日，针对犹他大学对科学发现的非正常报道，科学家们想起了1982年作为人工心脏研究中心的犹他大学虚构人工心脏的事情，所

① J. William Broad, "'Cold Fusion' Patents Sought", *The New York Times*, April 13, 1989.
② W. Malcolm Browne, "Claim of Achieving Fusion in Jar Gains Support in 2 Experiments", *The New York Times*, April 11, 1989.
③ J. William Broad, "Georgia Tech Team Reports Flaw In Critical Experiment on Fusion", *The New York Times*, April 14, 1989.
④ E. Jerry Bishop, etc., "Fusion Tests to Focus on Measuring Heat", *The Wall Street*, *Journal*, April 19, 1989.

以批评其用科学发现来吸引全球注意不是第一次了，应该吸取教训。① 与此同时，物理学家们说，犹他州冷核聚变的实验结果违反了核物理学规律：仅仅在室温和电路下的一罐水就能产生 4 倍于实验消耗的能量，这一实验结果其实是不稳定的。因为检验超热要将输入和输出电解池的电力详细记录下来，而且这项记录需要进行一段时间，再加上各电解池中的超热各不相同，有的根本没有超热。他们却将有时电力浪涌而来的变化无常的特征作为发生核聚变的标志，这就让科学家们对此产生了更多的疑虑。②

1989 年 4 月 24 日，纽约大学社会学教授和科学实践专家 Dorothy Nelkin 说道："近年来科学界媒体炒作最厉害的是人工心脏。整个事情全部展现在公众的视线中。在哪里发生的？犹他州立大学。"③ 他继续说，犹他州的这一冷核聚变实验缺乏严格的双重检查结果：（1）复制报告，分享数据和结论。犹他州关于确认发生了核聚变而排除化学反应的原因并没有在他们的报告中提到，并且关于重复实验具体的技术细节一直秘而不宣。（2）"谁能重复，谁确实能弄清犹他大学测量热量的仪器的来龙去脉，以及谁看到了他们热检测仪器测量的精确的数据。"与此同时，犹他州二人的报告由于同行不断增加的疑问而被退回。两位化学家撤回了报告。庞斯和弗莱希曼投稿于《自然》的稿件被退回，因为审稿编辑认为，犹他州科学家的观点不能在同一时间满足审稿人和其他重复这一实验的科学家的工作需要，而且论文中没有出现的并不能暗示实验已经被描述，即不能提供详细的实验细节和对比试验。④ 罗切斯特大学的 Dr. Source 说："我们仍然有一定程度的怀疑，因为他们的工作一直处于保密中，据称是因为专利。这是没有必要的。有专利，你可以发布你的工作，专利问题不应该被用于控制信息的自由流动。"⑤ 后来有人指责庞斯和弗莱希曼借口保护专利权来掩饰他们自己的无能，即他们最

① E. William Schmidt, "Utah, Thinking of Fusion, Dreams of Gold", *The New York Times*, April 21, 1989.
② E. William Schmidt, "Utah, Thinking of Fusion, Dreams of Gold", *The New York Times*, April 21, 1989.
③ Noble John Wilford, "Fusion Furor: Science's Human Face", *The New York Times*, April 24, 1989.
④ Noble John Wilford, "Fusion Furor: Science's Human Face", *The New York Times*, April 24, 1989.
⑤ Noble John Wilford, "Fusion Furor: Science's Human Face", *The New York Times*, April 24, 1989.

初也因为他们自己不能确定以及害怕实验中的危险而很犹豫。科学家们仍然感到沮丧，他们不能确定这一发现是聚变还是化学反应过程。

1989 年 4 月 25 日，这时争论的中心是有多少多余的热量是装置所产生的。随着许多实验室复制犹他州实验的失败，科学争论加剧了。此时，只有斯坦福大学的材料学家、化学家 Robert Huggins 声称已经证实了释放热量的报告。[1] 他建立了两个电解池，一个用的是普通水，另一个用的是重水，他发现只有用重水的电解池才能产生超热。这便从另一角度回击了长期以来对庞斯和弗莱希曼二人没有用普通水建立"可控"电解池的指责。与此同时，另一指责是针对庞斯和弗莱希曼用的电解池。电解池是敞开的，电解（氘化氧）过程中产生的气体容易逃逸。同时发生化学重组而形成重水，从而给这一过程增加热量的影响，即有多少热量来源于装置令人怀疑。

1989 年 4 月 26 日，斯坦福大学的 Robert Huggins 报道了轻水控制实验的成果。[2] 这是在美国国会听证会上唯一支持冷核聚变的实验小组。这一结果可以被化学家用来解释在锂存在的情况下重水和轻水之间的不同。但是他没有试图去测量任何辐射，他的研究被后来的科学家嘲弄。距离庞斯和弗莱希曼召开记者招待会的时间已经过去了一个月，但是关于二人冷核聚变实验的报告除了发表在《电分析化学》上一个粗略的"初步说明"外，至此没有公布一个完整的解释他们实验的方法和结果的报告，这让科学家们很困惑。这一"初步说明"特别说明了伽马峰没有相应的康普顿边界，这就表明他们在声称聚变发生时犯了一个错误，而且拒绝承认任何数据错误。物理学家们普遍认为这一实验是不完整的，因为用普通水代替重水的实验他们并没有做，否则实验就会失败。但是庞斯狡辩说，已经做过，只是还没有得到期望的结果，只得到了一部分热量。[3]

---

[1] E. Jerry Bishop, "Pons Has Faith in New 'Cold Fusion' Tests", *The Wall Street Journal*, April 25, 1989.

[2] J. William Broad, "Fusion Researchers Seek MYM25 Million From U.S.", *The New York Times*, April 26, 1989.

[3] J. Philip Hilts, "Researchers Defend Results of Fusion Tests, Debate May Erupt Today at Hill Hearing", *The Washington Post*, April 26, 1989.

1989 年 4 月 27 日，虽然美国加利福尼亚州、印度和巴西等地都有人声称得到了犹他州的实验结果，这给了犹他州二人希望，但是新闻发布会公布的硬数据一直缺乏，并且结论不清楚。来自伯明翰青年大学由 Steven Jones 领军的团队虽然相信聚变的发生，但认为产生的热量的比例远远小于犹他州二人报道的数量，需要做大量的实验和工作去证明和理解这一过程。①

2. 冷核聚变实验宣告失败

1989 年 4 月 28 日，来自布鲁克海文国家实验室和耶鲁大学的一个团队也宣布了实验失败的结果。这无疑给犹他州二人以重大打击。来自通用原子公司 Creutz 的发言，使得这一实验发生的可能性以及成功性大大减小。她说："对于这一实验，其他可能的阻碍包括这样一个事实，即这一过程的实现需要钯这一稀缺金属。而世界上提供的钯只有两到三个反应堆。"② 所以这一实验现在面临的障碍包括：（1）理解。科学家们仍然不清楚核聚变是否确实发生了。（2）成本。如果这种聚变从理论上讲可以产生廉价的热量，但很少有人知道这一技术的成本，所以最大的问题是这一反应是否可以连续进行。（3）原料的提供。在电极中使用的钯是罕见且昂贵的。世界上钯的供应只能满足少数电厂，其他原材料像钛可能会奏效。（4）辐射。聚变通常会产生中子，会造成辐射危害。这一实验在犹他州报告里似乎只是说产生很少的中子，但是不知道是否可能会对植物造成威胁。（5）规模化。要产生大量的商业化的有用的能量必须将冷核聚变工作扩大成千上万甚至于百万倍。这几个方面的叙述对冷核聚变实验成功以及应用的可能性的打击犹如晴天霹雳，退一万步讲，就算这一实验成功了，实际运用的可能性也不大，也不会给能源紧缺的形势带来新福音。

1989 年 4 月 30 日，科学家劝告大家不能被牵着鼻子走，因为这一实验忽视了两个基本的程序：控制实验和重复测试。③ 并建议，对于犹他州的冷

---

① "Hopes for Nuclear Fusion Continue to Turn Cool", *Nature*, April 27, 1989.

② Andrew Pollack, "Beating a Path to Fusion's Door", *The New York Times*, April 28, 1989.

③ "The Utah Fusion Circus", *The New York Times*, April 30, 1989.

核聚变实验，最好的办法是在实验室进行一个明确的、让人易懂的、可以被重复的实验。事实证明，犹他州二人什么都没有做，实验直接被《纽约时报》宣布死亡。《泰晤士报》把它称之为马戏团的游戏，《波士顿先驱报》也在次日抨击冷核聚变事件。

1989 年 5 月 1 日，普林斯顿大学等离子体物理实验室和美国能源部实验室警告国会议员："任何事情在启动之前，必须知道它是否是真实的。"① 并建议测量由钯电极积累的氦气，从而可以很快完成对犹他州的结果验证，因为用理论模型去解释氦核聚变而不产生氦，希望是很小的，是没有遵守适当积累比例的，而这一规律将构成"冷核聚变产生多余热量"的反证。他还认为由普通水所做的可控实验所产生的热量是很难解释核聚变过程的，也不能解释由麻省理工学院教授 Peter Hagelstein 等人提出的与犹他州相似的新理论。庞斯和弗莱希曼还没有对普通水代替重水的讨论结果表现出足够的信心。对自己的实验越来越没有信心以及回避其他科学家提出的问题导致了更多的被质疑。

1989 年 5 月 2 日，媒体报道了 5 月 1 日在巴尔的摩召开的美国物理学会会议的情况。在会上，来自加州理工学院、麻省理工学院、劳伦斯伯克利国家实验室、橡树岭国家实验室和美国罗切斯特大学等科研人员汇报了他们在重复犹他州的实验时都失败的情况。② 批评的声音渐渐达到了顶峰。其中有三个最为重要的证据证明了犹他州庞斯和弗莱希曼的冷核聚变实验的不可能性：一个是来自颇负名望的加州理工学院小组，公布了详尽的尝试重复实验的结果，都是否定的，因此对犹他州关于超热的测量表示怀疑；一个是来自麻省理工学院小组，宣称庞斯和弗莱希曼不正确地阐释了他们关于中子的证据；最后一个是来自加州理工学院的理论物理学家，宣布冷核聚变在理论上绝无可能，并谴责了庞斯和弗莱希曼的欺骗和渎职行为（尽管二人希望钯格中的极大

---

① David Kramer, "DOE Labs Advise Hill: Wait On Cold Fusion", *Inside Energy with Federal Lands*, May 1, 1989.

② W. Malcolm Browne, "Physicists Challenge Cold Fusion Claims", *The New York Times*, May 2, 1989.

压力能促成氘的核聚变，但几乎仍无理论上的理由证明真能这样）。

对犹他州的实验最强烈的反对是来自化学家 Nathan Lewis 和物理学家 Charlie Barnes 领导的加州理工学院小组，像其他研究员一样，他们和同事们尽最大努力去重复这一结果，但没有得到任何聚变的证据以及多余热量的产生。所以在巴尔的摩美国物理学会会议上汇报了自己的否定性结果，颇为引人注目，还产生了很大的影响。会上科学家还总结了庞斯和弗莱希曼在冷核聚变实验中所犯的很多错误（包括多余热量的产生是基于其假设的数字，而不是实际的测量）：

（1）犹他州的报告宣称他们测量了 γ 辐射来自于他们的装置设备，标志着核聚变发生了。来自加州理工学院的物理学家 Steven Kooning 指出，犹他州的研究员错误地描述了他们的装置释放的 γ 辐射，弄错了氡 γ 射线和聚变 γ 射线，其实观察到的 γ 辐射的频率不是聚变的特点，而是氡的特点，氡作为铀的副产品经常被犹他州的研究人员所采用。Steven Kooning 继续说："我不知道他们实验室有多少氡气，但是我知道犹他州有铀矿。"①

（2）犹他州用氦气的出现作为聚变发生的依据。Nathan Lewis 指出，氦气广泛存在于大多数实验室的空气中，因为液体氦是用来给仪器降温的。他说，他们观测到的氦气至少比他们理论中由聚变产生的量多十倍。他的结论是，犹他州实验报告中检测到的氦是存在错误的，这里氦气的出现是实验室里周围空气中的氦原子而不是实验装置中产生的氦原子，所以不能用来作为聚变发生的依据。②

（3）犹他州在实验中没有搅拌重水，他们认为搅拌会在电极上形成气泡而成为循环水。斯坦福大学的物理学家 Walter E. Meyerhof 和 Nathan Lewis 都对不搅拌重水而进行的热测量进行了批评。③ 他们都认为犹他州的实验和斯坦福大学 Robert Huggins 的实验得到多余热的实验结果是错误的，因为在电

①　H. Thomas Maugh II, "Cold Fusion Claim in Error, 2 Experts Say", *Los Angeles Times*, May 2, 1989.

②　H. Thomas Maugh II, "Cold Fusion Claim in Error, 2 Experts Say", *Los Angeles Times*, May 2, 1989.

③　W. Malcolm Browne, "Physicists Challenge Cold Fusion Claims", *The New York Times*, May 2, 1989.

解池中，温度的测量依赖于温度计，如果不安装搅拌装置，把温度计放得太靠近钯棒，就容易形成热点，使得水温不均匀，从而导致了对整个热量的错误估计。与此同时，Nathan Lewis 还针对犹他州实验中输入和输出能量的问题进行了猛烈的抨击，因为他们严重低估了进入装置的能量。这样大量的热量释放好像远远多于化学反应中产生的热量，于是得出的结论是多余的热量一定是来自聚变反应。其实，加州理工学院的实验已经证明，在钯和铂丝之间有不同的电压，电流通过重水从一个流向另一个，而且必须保持这种差异，最起码得到 0.8 伏才得以保证电化学反应的发生，有时可能会更高。但是，犹他州公布的报告显示，他们依据的计算这种差异的只有 0.5 伏，这个 0.5 伏是个明显的错误。因为这个装置在 0.5 伏会停止工作。这样，这个错误的数字使得进入装置的能量比实际更少，相应地就会有多余热量的产生。所以犹他州的装置不是一个大的聚变加热器，而实际上是一个原始粗糙的水箱。

（4）犹他州的研究人员和其他研究人员特别是佛罗里达大学的研究员报告说，氚的出现是作为聚变发生的一个指标。但是 Nathan Lewis 指出，物质的化学反应可以干扰测量，氚似乎出现了，实际上并没有出现，因为氚是已知的重水的污染物，不能排除氚进入电解池，而对于这些，犹他州的研究人员并没有将之考虑在内。[①]

（5）其实犹他州的实验并没有获得多余的热量。因为他们实验中多余的热量是基于假设的数字计算出来的，而没有现实的基础和实际的测量，对于这一点，庞斯已经在一次国会上承认。

（6）理论上的不可能。来自加州理工学院的理论物理学家宣布冷核聚变在理论上绝无可能，并谴责了庞斯和弗莱希曼的欺骗和渎职行为。其中 Steven Kooning 和 Mike Sternberg 花了大量的时间和精力对其理论的可能性进行了周密的重新审查。他们指出，尽管二人希望钯格中的极大压力能促成氚的

---

① W. Malcolm Browne, "Physicists Challenge Cold Fusion Claims", *The New York Times*, May 2, 1989.

核聚变，并在这一聚变过程中产生超热，但几乎仍无理论上的理由证明真能这样，因为钯内部增长的压力并不足以引起核聚变。① 事实上，在一个钯格中，氘核可能比在一般的重水中更显分散。氘—氘核聚变发生的概率极低，在一种显著的对照中，Steven Kooning 这样描述道："像太阳那么大的一块冷氘每年可能会产生一次核聚变"，"对在钯阴极中的冷核聚变会如何发生能做出理论说明固然不错……你也能对猪如果有了翅膀会有怎样的行为做出理论解释。但是猪不会有翅膀！"② 这是"无能与妄想"。

与此同时，其他物理学家对犹他州的实验也进行了理论上的攻击。他们说很难解释在钯棒里进行聚变的氘原子不释放大量的辐射。这是一个信仰的飞跃。俄亥俄州立大学的 Robert Perry 说："到目前为止，不可能解释发生聚变的氘原子怎样转让他们的热量给钯棒，这是第二个信仰的飞跃。"③

欧洲核子研究中心的物理学家代表 Douglas R. O. Morrison 在会上报告，西欧所有重复犹他州的实验都已经失败，整个情节就是"病态科学"的最新样例。④ 来自美国能源研究实验室的团队，如橡树岭国家实验室、布鲁克海文国家实验室等也报告了他们的研究成果，用最复杂的科学设备也没有任何证据显示冷核聚变的发生以及多余热量的输出。

3. 关于冷核聚变事件的争议及其结局

关于冷核聚变的争议不久达到顶峰。科学家准备给这一实验"签署死亡证书"。⑤ 他们形成的共识是：除非犹他州能给出一些戏剧性的新证据来支持他们的论点，否则他们的主张很可能会被否定，其名声就像 N 射线和其他高度公开的科学"突破"的造假者一样扫地。在会议结束时，九个主要发

①　H. Thomas Maugh II, "Cold Fusion Claim in Error, 2 Experts Say", *Los Angeles Times*, May 2, 1989.

②　W. Malcolm Browne, "Physicists Challenge Cold Fusion Claims", *The New York Times*, May 2, 1989.

③　W. Malcolm Browne, "Physicists Challenge Cold Fusion Claims", *The New York Times*, May 2, 1989.

④　W. Malcolm Browne, "Physicists Debunk Claim of a New Kind of Fusion", *The New York Times*, May 3, 1989.

⑤　H. Thomas Maugh II, "Cold Fusion Dispute Boils; Panelists Ridicule Claims", *Los Angeles Times*, May 3, 1989.

言人除一人弃权，其余八人都宣布犹他州实验"死亡"。

1989年5月4日，由于新的批评的增加，来自不同地区的与会代表决定取消"华盛顿会议"。

1989年5月7日，这次轮到化学家了。在洛杉矶举行的电化学会议上，被誉为跨世纪的科学突破被指责是测量错误所导致的，即在实验室的烧瓶中没有安装搅拌机的简单错误。[1]

1989年5月9日，对于冷核聚变最好证据的中子测试问题，麻省理工学院等离子聚变研究中心的团队在水箱中放了一个能产生中子的发生源，以便观察水分子之间的碰撞和中子释放的 γ 射线的频谱。但不幸的是，这是物理学家最精通的领域，却是犹他州实验中最薄弱的环节，庞斯和弗莱希曼作为电化学家在这方面没有任何的专业技能。

对弗莱希曼提供的产生中子的证据——一张霍夫曼从水屏障上获得的 γ 射线峰值图，熟悉这种光谱的物理学家认为这一能量的峰值看起来就是错的，因为其峰值为2.5兆电子伏，而不是从氘中的中子所产生的 γ 射线的峰值2.2兆电子伏。但是这张图出现在化学杂志上时，峰值为正确的2.2兆电子伏。这让人对犹他州的实验有"捏造"之嫌和对测试结果有怀疑的想法。麻省理工学院等离子核聚变中心 Richard Petrasso 对这些中子测试进行了进一步的细查，认为犹他州的特殊设备不可能观察到2.2兆电子伏这么小的峰值。[2] 所以他们的结论是：此峰值"也许是与 γ 射线的交互作用无关的一种设备产物"。Richard Petrasso 在巴尔的摩会议上对这项工作做了预备报告，并产生了很大的说服效果。与加州理工学院的否定性结果一起，它们都将对这场争论的进程产生决定性影响。后来犹他州发表了其完整的光谱，表明峰值并非2.2兆电子伏，而是2.496兆电子伏。但麻省小组回应道，2.496兆电子伏的峰值实际上应为2.8兆电子伏。所以犹他州实验的理论中 γ 射线不

---

① George Johnson, "IDEAS & TRENDS. On Fusion, the Chemists Have the Ball Now", *The New York Times*, May 7, 1989.

② P. David Hamilton, "PFC Results Said To Deal Blow to Fusion Claims", *The Tech* (*MIT*), May 9, 1989.

是来自他们所描述的反应，他们声称的 γ 射线来源于聚变是令人怀疑的。

1989 年 5 月 10 日，庞斯和弗莱希曼在轻描淡写中子的产生以及峰图的错误的同时，着重介绍了他们的新实验，即将电流通过电极进入重水，水分子的氧原子分裂出氚原子，电极巨大的力量足以把氚原子挤在一起合成为一个实体——氦 - 4 原子核，同时产生的多余热量是来自于聚集在钯电极内氚原子聚变而不是任何可知的化学过程。但他们又说，他们看到很少的中子和 γ 射线，所以预测聚变一定是一种科学上未知的不产生 γ 射线的氦 - 4。美国加州理工学院和麻省理工学院的研究人员对二人说的氦 - 4 进行了检测，但是没有发现氦 - 4。在这里需特别指出的是，关于这一新实验的结果是靠以前的旧数据产生的，而且极不稳定，断断续续。[①]

1989 年 5 月 18 日，大多数科学家认为犹他州实验中多余热量的产生是基于计算而不是实际测量得到的。犹他州的研究人员却认为，在简单的电解装置中，电流经过浸在重水中的由钯棒和铂丝组成的电极之间时，水分子吸收电能，把氢原子和氧原子分开，当这些原子再次重新组合形成水时，将释放所有吸收的能量，而这一能量的释放来源于设备而不是氢和氧的重组。他们使用时间测量公式计算后，得出"多余"的热量是来源于被吸收进钯棒的氢原子聚变。但是对此怀疑的化学家认为这种计算缺少实际测量。[②]

1989 年 5 月 21 日，Nathan Lewis 对于犹他州冷核聚变实验的评价是：这是一个浪费时间的研究，因为犹他州关于他们工作方面的秘密，如所用烧瓶的大小、电极的位置和确切尺寸、操纵这些电解池的电流强度、锂盐是否是决定性的或是否可用其他盐来代替、电极是否被"破坏"和被什么破坏、这项实验应该进行多长时间等都还不明了，加州理工学院需要做大量的猜测。[③]

1989 年 5 月 25 日，在美国的洛斯阿拉莫斯国家实验室举行了为期三天的特别会议。这是关于冷核聚变的第四次会议。会议上庞斯和弗莱希曼提出

---

① J. Philip Hilts, "Fusion Researcher Admits Error", *The Washington Post*, May 10, 1989.

② E. Jerry Bishop, "Pons, Fleischmann Don't Plan to Attend U. S. 'Cold Fusion' Conference Next Week", *The Wall Street Journal*, May 18, 1989.

③ Newton Edmund , "Burst of Energy but No Fusion in Caltech Labs", *Los Angeles Times*, May 21, 1989.

最新的低水平的冷核聚变结果。来自新墨西哥州的洛斯阿拉莫斯国家实验室、意大利国家核物理研究所和德克萨斯农业和机械大学的研究人员报告说，他们检测到了钯或钛棒生发的中子。但是其中子放射的结果受到了来自耶鲁大学的物理学家 Moshe Gai 强烈抨击。[1] 他说，耶鲁大学和布鲁克黑文国家实验室科学家们通过精心和认真的实验并没有检测到来源于仪器的中子，实际上检测到的是正常背景下的中子而不是聚变的中子。所以他们的结论是：中子的结果不能作为冷核聚变发生的依据。

1989 年 5 月 30 日，报道了犹他大学拒绝与其他实验室合作的消息。虽然犹他大学曾告诉国会已经同意让洛斯阿拉莫斯实验室的科学家观察犹他州实验室的工作[2]，作为复制这一实验的辅助手段，同时也可以消除其他科学家对其工作的怀疑，但这种合作一直没有实现。最后他们承认了他们前期聚变实验的副产品特别是中子的测量存在缺陷。

1989 年 6 月 20 日，英国政府高级科学中心之一哈维尔实验室宣布结束为期三个月重复犹他州的失败实验，这无疑是对犹他州冷核聚变实验的另一重大打击。英国原子能管理局首席科学家、哈维尔实验室管理者 Ron Bullough 在一份声明中说："这一实验结果令人失望，我们再也不会在证明这方面投入更多的资源了。"

1989 年 7 月 13 日，由联邦政府召集的专家会议结束，美国能源部的能源研究咨询委员会报告了他们最后得出的结论：低温核聚变产生的能源发展前景相当遥远，已经没有任何政府和私人组织再去建立新的实验室来研究这一有争论的现象。并指出实验报告的数据不能作为代表有用能源来源的证据，被称为新的核反应过程的冷聚变是没有说服力的。没有证据证明冷聚变发生了。[3] 因此，目前还没有理由"因特别项目来建立冷聚变研究中心以支持发现冷聚变的努力"。联邦政府撤销了给犹他州大学建立冷核聚变研究中心的资金。

---

① E. Jerry Bishop, "New Evidence Supports Fusion Finding Made by Less Controversial Utah Group", *The Wall Street Journal*, May 25, 1989.

② H. Thomas, "Maugh II. Vindication Comes to Fusion's Silent Man", *Los Angeles Times*, May 30, 1989.

③ J. William Broad, "Britons Abandon 'Cold' Quest", *The New York Times*, June 20, 1989.

在此之后，美国能源部组织了专门小组来审查冷核聚变的理论和研究。1989 年 11 月，这一小组发布了报告，得出结论，认为截至当日，没有提出任何令人信服的证据表明导致有用的能源资源这种现象归因于冷核聚变。该小组指出，产生多余热量的实验重复失败以及关于核反应产物的报告与已建立的猜想不一致，核聚变的推测类型与目前的理解不一致，如果想证实，就需要建立理论猜想，甚至理论本身，以一种意想不到的方式来延伸。与此同时，该小组反对给冷核聚变研究以专项资助，但是支持"重点实验的一般资助体系内的不多的资金"。[①]

1990 年 4 月，一篇更长的论文——介绍量热仪的细节发表了，但是没有包含任何核测量。

1990 年 5 月初，德克萨斯农业与机械大学的研究者之一 Kevin Wolf 说，最合理的解释是，关于氚的污染物在钯电极或简单的污染归因于工作马虎。

1990 年 6 月，科普作家 Gary Taubes 在《科学》上发表论文，否定了德克萨斯农业与机械大学关于氚作出的结果的公信力。

1990 年 9 月，美国国家冷核聚变研究所的研究人员列出 92 组来自 10 个不同国家的确凿的关于多余热量的证据，但是他们都拒绝提供任何直接证据，认为这可能会危及他们的专利。

1990 年 10 月，Kevin Wolf 最终说，那个结果是关于棒里的氚的污染物。德克萨斯农业与机械大学承认氚的证据没有说服力，不能排除污染物及其测量的问题。

1991 年 6 月 30 日，由于没有发现多余的热量以及关于氚产物的报告遭到了众人的漠视，再加上缺少资金，国家冷核聚变研究所关闭。

自 1991 年 1 月 1 日起，庞斯和弗莱希曼悄然离开美国。1992 年他们继续在丰田公司于法国的 IMRA 实验室做研究。花费 4 亿美元后仍没有确切的结果，其在 1998 年没有继续与庞斯续约合同。在花费了 1.2 亿美元于冷核

---

① J. William Broad, "Panel Rejects Fusion Claim, Urging No Federal Spending", *The New York Times*, July 13, 1989.

聚变研究工作后，1998 年 IMRA 实验室关闭。庞斯没有公开言论，弗莱希曼还在不断地举办讲座和发表论文。

1991 年以后，冷核聚变研究相对冷淡，确保其有公共资金支持和以公开程序继续进行研究的难度加大。冷核聚变在今天的研究只在一些特殊的场地进行着，而且被科学界广泛地边缘化，研究人员在主流杂志上出版、发表研究成果都有一定程度的困难。一些冷核聚变的研究者继续用庞斯和弗莱希曼的方法做实验，不但被主流团体排斥，名誉和事业也受到损害和损失。

1992—1997 年，日本国际贸易和工业部发起一个"新氢气能源计划"（NHE）项目，投资 2000 万美元用于研究冷核聚变。1997 年这一项目结束，其主管和研究者都认为："我们不能达到第一次声称的冷核聚变的结果，我们没有找到任何理由在下一年中投入更多的钱。"①

20 世纪 90 年代，印度停止了在巴巴原子研究中心的冷核聚变研究。因为在主流科学家中缺乏共识，而且美国退出了此项研究。2008 年，国家高级研究所建议印度政府恢复这项研究，这一项目开始于印度技术研究所的巴巴原子中心和英迪拉·甘地中心原子能研究所。然而，因这一研究在科学家中间仍被怀疑，以及实验实际目的性的增强，研究只能被停止。

二、从英国辟尔唐人古化石造假案看科学造假的败露过程

（一）英国辟尔唐人古化石造假案

英国的"寻宗梦"。自工业革命以来，英国执世界之牛耳三百余年，其间文化繁荣，人才辈出。从牛顿、瓦特到法拉第、达尔文，再到卢瑟福、霍金，科学史上英国巨人的名字多如满天星斗，璀璨异常。然而，光明总是与黑暗相伴。在英国这片国土上，既养育过历史上最伟大的科学家，也培养过

① Andrew Pollack, "Japan, Long a Holdout, Is Ending Its Quest for Cold Fusion", *The New York Times*, Aug. 26, 1997.

历史上最大的科学骗子。科学史上著名的造假丑闻之一——辟尔唐人古化石造假案，就发生在这片科学英雄辈出的土地上。

20世纪初的大英帝国，正处于全盛时期，维多利亚时代的光辉依然光彩夺目，遍及全世界，堪称名副其实的"日不落帝国"。与此同时，大英民族的民族自尊心也逐渐膨胀到了极点。在当时的许多英国人心目中，大英帝国现在是世界文明的中心，过去则是世界文明的摇篮，这几乎是天经地义的。但是，也正是在这个时候，这种膨胀起来的自尊心却遭受到了一次严重挫折。

原来，到19世纪末20世纪初，随着达尔文进化论被越来越多的人所接受，以及考古发现的进展，专门研究人类起源的古人类学也得到了很大发展。在欧洲及亚洲的不少地方都发现了早期人类的化石和遗迹。特别是1890年荷兰人类学家杜布瓦在印度尼西亚中部发现的"爪哇人"化石，大大激励了古人类学家对早期人类化石的探寻热情。

但是，在英国，却一直没有发现有早期人类活动的迹象。早期人类的证据——不仅包括骨骼化石，还有古石器时代的洞穴绘画和工具，大多是在法国和德国发现的，而英国在这方面却是一片空白，这着实令大英帝国的古人类学家们脸上无光。越来越多的证据表明，骄傲的盎格鲁—萨克逊人竟然不是人类的祖先。这对于他们的自尊心而言，不啻一个重大打击。因此，当时的全英国人民都在惴惴不安中，热切期盼着他们的古人类学家给他们一个满意的解答。

这一令人难堪的局面到1907年时愈加严重了，因为在德国海德堡附近又发现了一块早期人类的颌骨化石，它似乎令人沮丧地表明，人类最早的祖先竟是一个日耳曼人！然而，没过多久职业律师陶逊一项惊人的发现就使骄傲的盎格鲁—萨克逊人的头再次高高仰了起来。当然，最让人惊奇的是，作出这一惊人发现的并非什么古人类学家，而是一位职业律师——查尔斯·陶逊。

陶逊是英格兰南部一位普普通通的律师。在自己的专业领域，他显得默默无闻，并没有经手过什么值得一提的大案。这很可能与他本人的爱好有关，因为他的兴趣是古生物学、地质学和考古学。在当时的欧洲，这些都是非常体现身份的爱好。陶逊经常利用业余时间收集化石。有一次，他在萨塞克斯郡的辟尔唐发现了一种奇怪的棕色燧石，追踪其来源，发现它们均出自当地一处颇有些历史的砾石坑中。出于"职业"的敏感性，陶逊让在那里作业的一名采掘工把发现的任何奇怪的东西都交给他过目。1908 年的一天，那位工人给陶逊拿来了一块骨状碎片，陶逊认定那是人类的头盖骨。后来，他又在附近经过雨水冲刷的砾石堆中发现了另一块较大的碎片，与原先发现的那一块似乎来自同一个头颅。

陶逊认为自己已经积累了足够的证据，1912 年 2 月，他就给自己的朋友、当时身为大英博物馆地质部负责人的伍德沃德爵士写了封信，说自己发现了一些化石，价值远超过在德国海德堡发现的那些化石。这一位英国绅士伍德沃德爵士是当时世界上最权威的古生物学家之一，在此之前，他也一直在苦苦寻找早期人类在英国活动的证据。遗憾的是，除了寻得极少数非常粗陋的石制工具以外，他和其他的英国古生物学家们一样几乎是一无所获。当然，骄傲的英国绅士们是不甘心在追寻人类起源这一重要领域落后于欧洲大陆的同行们的。利用这些少得可怜的材料，以伍德沃德为首的一些英国古生物学家提出了自己的理论，他们认为那些石制工具是由一种具有较大脑容量的智人制造的，而这种早期人类长着像猿一样的下颌。当然，理论是需要过硬的证据来支持的，而伍德沃德等缺少的恰恰就是证据。接到陶逊的来信以后，伍德沃德非常激动。根据陶逊的描述，这不正是他们一直在苦苦追寻的证据吗？在对那些化石匆匆作了初步鉴定后，当年 6 月，伍德沃德就迫不及待地和陶逊一起组成了一个挖掘队，希望能有更大的发现。当时参加挖掘队的还有一位年轻的法国传教士德日进。在挖掘过程中，他们先后发现了几块头骨碎片和动物化石。有一次，陶逊的挖掘工具无意间带出了一块颌骨碎片。经仔细观察，伍德沃德和陶逊相信这块骨片正是他们发现的那个头骨的一部分。伍德沃德极为兴奋地把他们发现的所有东西都带回了大英博物馆。他把那块颌骨和头盖骨拼在一起，并凭着想象用黏土填补了缺少的部分。结果与他们的理论预期完全吻合。经过一番忙碌的研究，伍德沃德迅速得出了结论，这是一种人们还从来没有发现过的半人半猿动物的头盖骨化石，根据在同一地层出土的动物化石判断，大约生活于50万年以前。他还把这种早期人类正式定名为"陶逊曙人"，也就是人们常说的"辟尔唐人"。

1912年12月28日，在伦敦的英国地质学会上，伍德沃德当着一屋子人的面把经过复原的辟尔唐人头骨展示了出来，并郑重其事地宣布："英国发现了最原始的人类化石！这是一项真正的伟大发现。"1913年，陶逊在《伦敦地质学会季刊》上发表论文，详细论述了辟尔唐人的发现经过。很快，"陶逊曙人"发现的消息就传遍了整个世界。

"陶逊曙人"发现的消息一经公布，立刻就成为英国各大报刊的头条新闻。无论是在街头巷尾还是在酒吧夜总会，人们都在心满意足地谈论着这一伟大发现。无论如何，这个发现可以确凿无疑地证明，最早的人类到底还是英国人！也就是说，大不列颠才是整个人类文明的发源地，而非德国、爪哇或其他什么地方。正是因为受到这种情绪的感染，伍德沃德也不无骄傲地将这个在辟尔唐发现的头盖骨化石称为"人类历史上第一位英国绅士"。"辟尔唐人"的发现能够引起全世界的关注，还在于其重大的科学价值。根据当时仍存在争议的达尔文的进化论，现代人和现代猿有着共同的祖先，但是人不可能直接从猿进化而来，其间应该存在一个过渡形态。由于一直没有找到有足够说服力的化石证据，人类学家们就将这一过渡形态的早期人类称为"缺失的环节"。从某种意义上讲，找到这"缺失的环节"，不但是人类学家们梦寐以求的目标，更是证明达尔文进化论正确性的一个关键。而现在，辟尔唐人的头骨化石似乎正好填补了这一空白。其头盖骨像人，颌骨像猿，不正属于一种过渡形态吗？而且这也完全符合伍德沃德等英国古生物学家的理论预期！相对来说，与英国古生物学家们的热情支持相比，其他地方特别是欧洲大陆的科学家们还是比较冷静的。有许多人不客气地指出，所谓的辟尔唐人化石只不过是一个猿的下颌和一个人的头盖骨被偶然埋在了一起，而且下颌上的牙齿还明显存在人工打磨的痕迹。也有一些人并不怀疑化石的真实性，但他们认为"辟尔唐人"属于一个进化失败的物种，因此在人类进化的过程中远非那么重要。

好在，在辟尔唐继续进行的发掘工作也没有令人失望，一件又一件新的化石接踵而出。1913 年 8 月 30 日，陶逊与德日进一起搜寻化石时，德日进找到了一枚下颚犬齿，看起来像是猿的牙齿，但磨耗痕迹却像人类。伍德沃德断定它就是属于"辟尔唐人"的。但是，由于后来再没有更有说服力的关键证据出土，科学家们之间的争论还在持续着，直到陶逊 1916 年去世。1917 年，伍德沃德对外宣布：陶逊于去世前的 1915 年 1 月，在距原遗址 3.2 公里的地方，新发现了一块额骨，并带着部分眼眶与鼻根；7 月，他又发现了一枚下颚臼齿，同样外形似猿，但磨耗痕迹却像是人类的。从考古学的角度讲，如果说一块人的头骨与一块猿的颌骨被偶然埋在了同一个地方，是完全有这种可能性的；而在另一个不同的地方，它们再度以同样的方式混杂在一起，这样的概率虽不能说绝无仅有，但也实在太低了。因此，原先批评的声音逐渐平息了下去，再加上伍德沃德爵士的崇高威望，"辟尔唐人是人类进化过程中的关键环节"这一论断，在学术界开始成为占主导地位的科学常识。

（二）英国辟尔唐人古化石造假案的败露

随着时间的推移，在世界各地又有越来越多的早期人类化石被发现，其中比较著名的有 1924 年南非人类学家雷蒙·达尔特在南非金伯利以北 120 公里处发现的南方古猿，以及 20 世纪 20 年代末 30 年代初在北京周口店出土的北京猿人。奇怪的是，这些化石表明人类进化的方向同在辟尔唐发现的头骨所示的进化方向有极大的不同。其他地方的化石不是头盖骨像人，颌骨像猿，而是颌骨像人，头盖骨像猿。由于当时人们普遍认为较大的大脑是进化的标志，故而英国学者还为"辟尔唐人"拥有发达的大脑而沾沾自喜，认为英国人从祖先开始就比别的民族优越。但随着证据的积累，人类进化的正确方向已在学术界成为一种共识，这样，显得有些"特立独行"的辟尔唐人就慢慢变得无声无息，近乎完全从人们的视线中消失了。

直到一种全新的测定化石年代的方法——"氟定年法"成熟以后，辟尔唐人才重新成为舆论关注的中心，但这一次的处境可就没有上一次那么风光了。50万年的历史化为泡影。在辟尔唐人刚刚被发现的时候，人们尚无法准确测定化石所处的年代。随着科学的进步，科学家发明了多种通过物理和化学的手段测定化石的地质时间的方法，其中就包括"氟定年法"。这种方法的原理是化石中的氟含量会随着时间的流逝慢慢增加，通过测定氟含量的多少，就可以检测化石的真正年代。

1949年，有人曾利用这种方法对辟尔唐人化石进行了检测，结果发现其年代不会超过600年。但是由于许多科学家对这种方法的准确性尚存在疑虑，这一检测结果并未引起人们的广泛重视。甚至还有许多科学家提出了各种理论，来对这一结果进行解释。直到四年以后，一位名叫韦纳的南非籍人类学家，像安徒生童话《皇帝的新装》中的那个小男孩一样，勇敢地大喊了一声："这一切会不会是一场骗局呢？"整个世界都被这一声大喊给惊呆了。

韦纳是英国牛津大学的一位人类学教授。他一直认为辟尔唐人化石是来源于两种不同的物种。在1953年的一次宴会上，他与大英博物馆的考古学家、辟尔唐人研究权威奥克利爵士不期而遇，并进行了一番长谈。令他震惊的是，奥克利对有关发现辟尔唐人的细节竟然是不可思议的含糊。实际上，根据奥克利的说法，大英博物馆中根本就不存在发现辟尔唐人确切地点的文档。"简直是太奇怪了！这一切会不会是一场骗局呢？"回到牛津以后，他把这种疑虑告诉了牛津大学人类学系主任克拉克，希望能得到他的帮助。在克拉克的支持下，韦纳和奥克利利用现代年代测定技术，对辟尔唐人化石进行了细致检测，于是真相立刻大白于天下。

当韦纳等人试图从辟尔唐人的颌骨上取样进行化验时，他们发现"化石"的表面竟然有纯白色的、未被石化的成分，原来"化石"的颜色是用含铁的溶液人工染上去的，目的是为了达到有化石的效果，并与砾石层的颜色相一致。进而，他们又利用"氟定年法"对其进行了年代测定，结果发现，所谓的"陶逊曙人"根本就不存在，其头盖骨部分来自于现代人，而下颌骨则来自于现代雌性红毛猩猩，其年龄均不超过1000年。此外，放在显微镜下稍一观察就可发现，头盖骨和颌骨都有被刀子小心锉过的痕迹。

就在同一年，奥克利又利用更为先进的年代测定技术进行了重复检测，结果如下：辟尔唐人头盖骨属中世纪的人类，距今约620年；辟尔唐人下颌骨属现代猩猩，距今约500年，可能来自马来西亚；那些同时发现的动物牙齿化石确是真正的化石，但并非来自当地，很可能来自马耳他。当韦纳和奥克利宣布了他们的检测结果后，全世界的科学家简直目瞪口呆，"辟尔唐人头盖骨"伪造事件立即成了当年最轰动的"英国丑闻"。深感丢脸的大英博物馆立即将这一"国宝"撤下展位，扔到了地下室里。英国当地的一家报纸在报道这一消息时显得颇为伤感："独一无二的、令人尊敬的、名扬科学界的著名的辟尔唐人头盖骨是假的，50万年的历史化为了泡影。"一场欺骗了整个世界达40年之久的世纪大骗局被揭露了，然而大骗局背后的"造假者"却成了一个谜，因为"化石"的主要发现者陶逊以及伍德沃德爵士等当事人都已先后去世，无法亲口向世人道出真相了。那么究竟谁才是这一惊天大骗局背后真正的骗子呢？毫无疑问，陶逊首当其责，是第一嫌疑人，毕竟主要的化石几乎是他一个人发现的。从动机上讲，陶逊这个人野心勃勃，不甘于一辈子做一个默默无闻的小律师，总竭力想取得学术方面的荣誉，也好光宗耀祖。有一次，一个偶然闯入他实验室中的不速之客发现，陶逊当时正在一个沸腾的锅边忙着给骨头染色。但也有许多人怀疑陶逊是否具备作为幕后主使的能力，因为他的确不是一个高明的"专家"。作为一个业余爱好者，他很难弄到所需的化石，而且他还缺乏"制造"与辟尔唐的砾石层相配的化石所需的科学知识。即使他想通过欺骗出一阵子风头，倘若没有内行的帮助，要想把骗局设计得天衣无缝，也绝不是一件容易办到的事。因此，也许把陶逊定性为"从犯"更为准确一点。

当然，作为辟尔唐人的主要支持者，德高望重的伍德沃德爵士自然难逃干系。不过大多数人还是同情地将其归为"上当者"或"轻信者"一类。因为在伍德沃德生命的最后十几年里，他一直都在孜孜不倦地研究"辟尔唐人头盖骨"。即使在他眼睛瞎了以后，他仍然通过口述撰写了一本描写"辟尔唐人"的著作——《最早的英国绅士》，直到他 1944 年去世前才完成。单就这种锲而不舍的精神来说，也绝非一个"骗子"所能具备的。

除了陶逊和伍德沃德以外，受到牵连的还有最早参加挖掘队的法国古生物学家德日进、当时的大英博物馆馆长索拉斯以及参与过挖掘的大英博物馆官员欣顿等一批人。但由于缺乏真正有说服力的证据，数十年来，学者们都是各执一词，无法形成统一的意见。尤其值得一提的是，1983 年，在美国的权威杂志《科学》上，刊登了一篇由剑桥大学人类学家温斯洛撰写的论文《福尔摩斯探案集》，将矛头直接指向了大名鼎鼎的作家柯南道尔。从《福尔摩斯探案集》中我们可以了解到，柯南道尔熟悉解剖学、化学和古生物学，具备作案的知识和技巧。另外，作为陶逊的邻居，柯南道尔曾短期参与过辟尔唐人的挖掘工作。不过，关于温斯洛论文所指最为关键的证据，还是在柯南道尔于 1912 年完成的科幻小说《失落的世界》中发现的。一方面，在这部小说中，故事发生地的地貌与辟尔唐地区极为相似；另一方面，温斯洛还从中发现了耐人寻味的细节：书中一个人物说，"如果你脑子聪明又懂行，便可以假造一块骨头"，另一个人则认为，搞恶作剧"应是人类进步的一个最基本的特点"。当然，这种认为柯南道尔作案的观点最大的缺陷是无法提供有足够说服力的作案动机，因此只能算作一家之言。至于究竟谁才是"真正的骗子"，直到今天仍然是一个谜。

（三）对英国辟尔唐人古化石造假案的反思

当然，辟尔唐人事件留给后人的，应该是深沉的反思，而不仅仅是弄清搞鬼的人是谁。真相曝光以后，许许多多的人都在问着同一个问题：整整一代科学家怎么会连这样明显的恶作剧都看不出来？这个假作得并不高明，正如揭示真相的关键人物之一、牛津大学人类学系主任克拉克所说，"人工打磨的痕迹一下子就可以看出来。既然这些痕迹如此明显，人们完全有理由问：以前它们是怎样逃脱人们的注意的?"

另外，人们认真回想一下事件的前前后后，会发现居然是陶逊一个人发现了辟尔唐人。那位可敬又可怜的伍德沃德爵士，在陶逊去世后一直在辟尔唐地区继续挖掘，可是再也没有发现任何有价值的化石，仿佛所有的化石一下子从辟尔唐地区不翼而飞了。

但面对种种疑点，在英国当时又有多少人去怀疑辟尔唐人的真实性呢？大英博物馆的古生物学家麦克劳德一语道破了"玄机"：由于当时有关人类是从猿演变的新科学理论盛极一时，人们在如此迎合潮流面前，欣喜地失去了客观推理的能力。不可否认的是，当时英国人的虚荣心、对科学权威的盲从，甚至包括媒体的推波助澜，都在这一事件中起到了不可忽视的作用。这些因素结合在一起，才蒙蔽住了众人的眼睛，使得这一世纪大骗局轻松得逞，还使整个英国科学界为之落下了笑柄。

当然，我们也应该认识到，科学研究是一项追求真理的事业，科学精神的实质就是坚持真理，去伪存真。在正确的科学精神指导下，一切作假行为终究会露出马脚。辟尔唐人在 20 世纪 20 年代中期以后逐渐被人们所"冷落"，就是科学精神的鲜明体现。另外，英国人也要感谢韦纳等人，如果没有他们，辟尔唐人也许至今仍然躺在大英博物馆中，嘲笑地看着世人。也许，辟尔唐人骗局留给我们的启示，要远比这一事件本身更为重要。

这一世纪大骗局是历史上最为著名的科学丑闻之一。1911 年，英国律师陶逊声称在辟尔唐发现了一个猿人头盖骨的一部分。1913 年，陶逊和英国著名人类史学家伍德沃德宣布，他们发掘出了一种半猿半人的生物头盖骨，并说这种生物生活在大约 50 万年以前。他们的"发现"被当作达尔文生物进化论的一个有力证据，在人类学上被命名为"曙人"，被认为是类人猿到人的进化过程中的过渡性生物，甚至作为重大科学成就出现在邮票上。后来，科学家采用含氟量测定古化石年代的办法，查出"曙人"的头盖骨不早于新石器时代，下颌骨属于一个未成年的黑猩猩，他们还发现头盖骨、下颌骨全经过了染色处理。一场精心制造的骗局终于真相大白。

2006年2月21日的《科技文摘报》载，据日本共同社消息，东京大学多比良和诚教授2003年发表论文，称其研究小组将"Dicer"酶的基因植入质粒，通过大肠杆菌合成了这种酶。2005年，日本一学会称多比良相关多篇论文涉及的实验无法重复，东京大学要求多比良进行再现实验，结果亦与论文不符。挪威综合癌症中心研究员苏伯2005年10月在英国《柳叶刀》杂志发表论文，称使用药品可降低口腔癌风险，后来他承认，其依据的数据资料，是自己凭空编造的。苏伯通过律师向外界承认，他在其他论文中也捏造了部分数据。关于造假动机，苏伯的律师说："他这么做不是为了钱，而是为了荣誉、名望和学术成就，但他误入歧途。"近几年来，美国生物医学领域的学术造假次数持续呈上升趋势。2004年，美国遭到举报后披露的科研造假案达到274起，比2003年增长50%，创下有史以来最高纪录。外国如此，我国怎样呢？据国内媒体报道，四川大学教授丘某有关"靶向抗生素构想"的论文被质疑为"造假"，其原因有两个，一是样品检测结果与论文所述不符，二是没有复制成功的样本，论辩双方曾就此事交火。目前我国科学家的造假主要有三类，中国科学院院士程容时将其概括为自我剽窃、抄袭别人和数据伪造。

科学家为什么要无中生有地造假呢？有人说，一是为了荣誉，二是为了地位，三是为了金钱，一句话，是为了名利双收。但是归根到底，由于科学家丧失了良知，才会出现科学造假事件。

从正面说，科学家之所以广为人们敬重，是因为科学家有其特殊的品格，是一个像钻石一样晶莹剔透的多面体，诸如崇尚科学，为科学努力、奋斗、献身，有学识、具道德、讲真话、创导正义、反对邪恶、揭露伪科学，等等。古今中外，具有这种崇高精神的科学家比比皆是，祖冲之、沈括、竺可桢、陈景润、牛顿、爱因斯坦等，不胜枚举。然而，在科学家的诸多品格中，良知比什么都重要。没有良知，就出不了成绩；没有良知，即使欺世盗名有了"成就"，也会一夜之间崩塌瓦解。

三、从巴尔的摩造假案看科学造假的败露过程

近几年来，作为科学先进大国的美国，接踵而至的科学舞弊事件犹如一团团阴影困扰着科学界。人们注意到，舞弊事件的中心人物中，不乏科学巨星和知名度很高的科学家，仅最近一年多来已被公开揭露和曝光的人就有诺贝尔医学奖获得者、现任洛克菲勒大学校长巴尔的摩（D. Baltimore），国际著名的病毒学家盖洛（R. C. Gallo）和华盛顿乔治城大学著名儿科教授哈莫青（M. Hamosh）等。

"巴尔的摩案"是美国科学界发生的与科学不端行为有关的一个著名案例。在长达十年之久的审查及定案中不仅涉及面广，而且还惊动了政府部门和经济情报局，由此也引发了科学界对政府参与的种种看法。调查科学不端行为的机构 ORI 也因在这项案件调查中的失败而面临种种困境。美国各大报纸如《纽约时报》《华盛顿邮报》《芝加哥论坛报》等，世界上影响最大的科学杂志《科学》和《自然》在揭露和报道这些舞弊丑闻时毫不留情，充分发挥了舆论监督作用。

哈莫青是在向美国国家卫生研究院（National Institutes of Health，统管全国生物医学研究的机构）和农业部申请科研基金时因虚报情况而被《华盛顿邮报》公开揭露的。巴尔的摩实验室则是因假造实验结果首先由内部揭发出来，后经曲折复杂的过程，终于真相大白，美、英等国的报刊甚至辟出专栏报道和剖析巴氏丑闻。巴尔的摩在大量事实面前不得不承认错误，他作出公开检讨，艰难地对全世界说了一声"Sorry"。

从 1986 年至 1996 年，科学史上"巴尔的摩（Baltimore）案"长达十年之久才得以解决，甚至美国国会也卷入了这一案件的审查，给有关部门及其人员带来了经济和精神上的损失和损害。整个案件几经反复，最后终于得以澄清，我们可以从中得到许多有益的启示，而其中的问题和教训又值得我们深思和引以为戒。

（一）十年之争的巴尔的摩案

巴尔的摩案起因于 1986 年美国《细胞》发表的《在含重排 Mu 重链基因的转基因小鼠中内源免疫球蛋白基因表达程式的改变》这篇论文。[①] 论文的学术价值在于提出了一个新发现：小鼠自身的抗体基因在导入的外源基因的影响下，会效法外源基因已重排的结构进行表达。

该文署名作者为 Imanishi Kari、David Baltimore 等四人。该论文发表一个月后的 1986 年 5 月，Imanishi Kari 实验室的一名博士后研究人员 O'Toole 偶然查看了 Kari 的实验笔记，发现论文中的一些数据与实验数据不符，甚至有些关键性实验根本就不曾做过。O'Toole 于是向正准备聘用 Kari 的 Tufts 大学提出疑问，Tufts 大学组织了以生物学家 Henry Wortis 为首的特别委员会进行调查。1986 年 6 月 Kari 所在 MIT 大学又让 Eisen 教授对此事件进行审查。Tufts 大学和 MIT 大学的审查结论是论文中可能存在一些小错误但没有作伪迹象。[②]

O'Toole 认为，既然发表的论文有不正确之处，编辑部应该撤销论文。但论文作者之一，1974 年曾获得诺贝尔生物学奖、时任洛克菲勒大学校长的 Baltimore 认为，这种情况是很普遍的，拒绝撤回论文。尽管 Baltimore 自己没有被指控有不端行为，但他对 Kari 的竭力保护使该案件变成了众所周知的"巴尔的摩（Baltimore）案"。Walter Stewart 和 Ned Feder 的介入使得对该论文的争论变得引人注目。

Stewart 和 Feder 是 National Institutes of Health（NIH）中以调查科学不端行为案件著称的两名研究人员，他们对 O'Toole 所提及的 17 页实验记录进行了分析，发现 Kari 的实验记录与原文中的关键论断相抵触，并由此怀疑 Kari 在实验中有作伪行为并通知了 NIH 官方。[③]

---

① Imanishi Kari, etc., "Changes in the Expression Pattern of Endogenous Immunoglobulin Genes in Transgenic Mice Containing the Rearranged Mu Heavy Chain Gene", *Science*, Vol. 240, 1986.

② Imanishi Kari, etc., "Changes in the Expression Pattern of Endogenous Immunoglobulin Genes in Transgenic Mice Containing the Rearranged Mu Heavy Chain Gene", *Science*, Vol. 240, 1986.

③ Imanishi Kari, etc., "Changes in the Expression Pattern of Endogenous Immunoglobulin Genes in Transgenic Mice Containing the Rearranged Mu Heavy Chain Gene", *Science*, Vol. 240, 1986.

NIH 正式受理此案，并于 1987 年 5 月开始第一次调查，调查结果只发现论文中存在有需要更改的错误，但没有"欺骗、不端行为、数据操作或严重的概念错误"。

1987 年 9 月，Stewart 和 Feder 被获准发表他们对《细胞》上那篇论文的分析结果，提出 Kari 的实验记录与文中的关键论断相抵触。但接下来的一年，《细胞》《科学》《自然》等杂志都拒绝发表 Stewart 和 Feder 的论文。

1988 年 4 月，众议院针对 Tufts 和 MIT 对 Kari 调查结果的反映，以商业能源调查委员会主席、民主党派议员 John Dingell 为首的国会调查小组出面召开了两次听证会，会上批评论文作者过分夸大了用于区分内源基因和转基因的 BET－1 试剂的特性，论文的两个图表中也有错误，并对 Ballimore 进行了近 8 个小时的盘问。事后 Baltimore 发表了一封"致亲爱的同事"的信，攻击 Dingell 对此案件的介入。① 在信中，Baltimor 还说了这样一句话：如果作者显示出有欺骗倾向，其中一些错误可以被认为是不端行为。这显然是为 Kari 辩护。

国会议员 Dingell 对美国科学界的"自我监督"政策一直持特强烈的反对意见，他决心要把事件搞个水落石出。1988 年 7 月 Dingell 调阅了 Kari 的实验室记录，并把它交给经济情报局作进一步的分析。受国会和 NIH 共同委托来参与此案件分析的经济情报局经过 7 个月的调查，认为 Kari 的标注日期为 1984 年的笔记记录有可能是 1986 年才准备的，而且在一本关键的实验室笔记记录中有 20% 的内容值得怀疑！1988 年 11 月，Baltimore 和 Kari 在《细胞》上发表一则更正，说原文中 BET－1 这种关键试剂的特性有点"夸大其辞"。②

1989 年 4 月，在经济情报局得出上述结论的基础上，NIH 决定重新开始一次调查，由刚成立的科学求实办公室（OSI）负责此事。NIH 主任 Wyngaarden 解释了重新调查的原因：O'Toole 对提交的用于审查论文中的数据

① Imanishi Kari, etc., "Changes in the Expression Pattern of Endogenous Immunoglobulin Genes in Transgenic Mice Containing the Rearranged Mu Heavy Chain Gene", *Science*, Vol. 240, 1986.

② David Baltimore, "To Dear Colleague", *Nature*, Vol. 337, 1988.

提出疑问，尤其说稀释物数据中的一个数据根本就不存在。

1989 年 5 月，Dingell 又举行了为期两天的听证会，Dingell 声明其目的不仅是要指明论文结论正确与否，而且是要考验科学界能否监控自己的事务。

在 NIH 的要求下，Baltimore 和 Kari 在《细胞》上公布了第二次更正，并给出关于 BET－1 试剂特性的另外一些数据。1989 年夏天，Baltimore 在《科学与技术》上发表论文，表明自己在该事件上的立场，并攻击 Steward、Feder 和 Dingell 这些委员会成员对此事件进行的毫无保障的干涉。他在论文中写道："如果这场调查所造成的悲伤结果并不能证明什么，那就表明那些无知的和怀有恶意的外行并不能有效地检查科学活动的进程。"①

1990 年 5 月，Dingell 主持第四次听证会，联邦经济情报局调查员指出，Kari 的实验记录和声称的实验"在时间上不是同时发生的"，并对第二次更正内容表示怀疑。

NIH 第二次调查草案报告也于 1991 年 3 月公布，并推翻了前次报告的结论，声称发现有"严重的科学越轨行为"，其中包括伪造数据。

国会委员会成员 Dingell 随即宣布，计划在 5 月举行第五次听证会，把重点放在"谁—知道—什么事情—什么时候"上。

1991 年 3 月，Baltimore 声明他将收回发表在《细胞》上的那篇论文，并于 1991 年 12 月辞去洛克菲勒大学校长的职务。但他希望能在大学的 AIDs 研究所作为一名教授以便继续从事自己的研究。

NIH 草案报告公布不久，巴尔的摩市的司法部门开始着手自己的调查，至 1992 年 1 月，他们决定不对 Kari 起诉，理由是，由于科学争端的复杂性，很难定论 Kari 是否有欺骗倾向。

此时 NIH 的科学求实办公室（OSI）迁至下属于 HHS（美国健康与社会服务部）的一个新位置并更名为 ORI（The officeof Research Integrity）。随后该机构派出由基因学家 Barbara Williams、统计学家 James Me Simann 和血清

① David Baltimore, "Science and Technology", *Nature*, Vol. 351, 1988.

学家 John Pahlberg 三人组成的调查小组。ORI 小组成员花费两年时间对巴尔的摩案件进行再研究，得出与 ORI 在 1991 年 3 月的草案报告相类似的结论："Kari 不仅在报告结果的关键部分作伪，而且伪造支持他最初结论的数据"。

ORI 的结论主要来自经济情报局的分析结果。经济情报局对 Kari 实验报告用纸的颜色、笔迹、打印铅字及墨水类型等作了全面的法学分析，结论认为：其中一些数据产生于实验以前，一些数据又是实验后补充的，也即认为数据产生时间和实验实施时间不一致。但经济情报局随即又宣称，他们在分析此类复杂案件时，没有任何的经验可资借鉴。ORI 进一步作了统计分析，发现 Kari 的实验数据缺乏随机性，因而认为存在欺骗倾向。ORI 又认为 Kari 为掩盖其作假行为还编造了一些数据。基于这种认识，1994 年 HHS 决定对 Kari 进行处罚，其中最严厉的是 Kari 十年内不得接受联邦政府的基金资助。事件至此远未结束。处罚决定宣布后，Kari 告诉《科学》说，她没有篡改实验结果，她实验室的任何人都没有这种行为，申请上诉，并聘请律师。案件由 HHS 派出三人组成的申诉小组继续调查，调查的重点放在美国经济情报局所获得的法学证据上，这些证据是 ORI 指控 Kari 有不端行为的主要依据。1995 年夏天，申诉调查小组进行一次为期六周的听证会，翻阅了数千份的声明，研究了前几次的调查记录，并给予 Kari 第一次面陈和盘问起诉者的机会。审讯程序的重点放在 1986 年发表在《细胞》上的论文上。审查人员第五次对这些数据进行审查。这次接受 Kari 上诉并负责调查的是 HHS 的两个律师 Ceeilias Parks Ford、Judith Ballard，以及血清学家 Julius Youger（他是 Pitts Burgh 医学院的荣誉教授）。

Kari 声称她是 1985 年 6 月做的实验，但 ORI 根据经济情报局的法学报告指出，Kari 用一个以前实验用过的防辐射磁带来伪造结果。

ORI 还强调，磁带与别的笔记在颜色、字体上同 1981 年和 1982 年笔记中的磁带墨迹不相一致。而申诉调查小组在调查中就漠视这种巧合，认为诸如此类的 ORI 分析结果是"毫无意义"的，而且指出研究人员可能已经更换了打印色带，而经济情报局在分析时有可能没有预料到这些情况。

此外，在审阅了 Kari 的实验室笔记上的数据后，申诉调查小组还认为，ORI 没有从别的研究员那儿检查充分的笔记以建立一个正常的关于 Kari 欺骗的判决。针对 ORI 从统计分析中发现的一系列数据都不是随机性的，因而"有可能是伪造"的结论，申诉调查小组也提出了他们的疑问。一般说来，ORI 的方法是"可以接受的"，但别的分析技术可能会导致与此不同的结论。申诉调查小组最后拒绝了所有的统计和法学分析结论，认为没有什么独立的可信服的证据能证明 kari 有欺骗行为。申诉调查小组还宣称，大多数有争议的数据都不包括发表在《细胞》论文中的数据或者错误"非常微小"。他们强烈地批评了政府对案件的参与，并对 O'Toole 的记忆和她处事的客观性有所怀疑，还暗示经济情报局的客观性是处于 Dingell 委员会的威胁之下的。

经过申诉调查小组的重新调查，1996 年 9 月，即该案件被指控十年之后，终于由 DHHS 宣布该事件告一段落，并为 Kari 洗脱罪名，决定对 Kari 不给予"任何惩罚""不采取任何行政措施"。至此，这场拖延了十年、复杂而且棘手的案件终于宣告结束。之后 Kari 在 Tufts 大学的病理系任助理研究员，Baltimore 也将领导一个 NIH 基金资助的 AIDs 疫苗小组。只是他对接受这项工作还有点犹豫，因为 1997 年 11 月国内大选中，如果民主党派占优势，Dingell 将有可能再一次组织委员会监督科学越轨行为，那时 Baltimore 在接受这项工作之前不得不与 Dingell 达成和解。

（二）由巴尔的摩案引发的思考

1. 对于科学界的争端，行政组织是否应该参与

回顾巴尔的摩案的始末，最引人关注的就是国会的参与。国会议员 John Dingell 领导下的调查委员会对该案件进行了四次听证会，也由此引发了不同的反应。科学界人士对他们的介入是不满的，其中包括对科学争端超出科学界本身控制范围的一种担忧。Baltimore 就曾以科学的自主性为由阻碍国会的调查，声称"国会办公大楼不是决定科学真伪的场所"，"由此，科学争论将会变成一种政治迫害"，"Dingell 他们不该涉及一个他们永远无法通晓的

领域"。① MIT 的 Phillip Sharp 在为反对调查委员会的行动而寻求帮助时，发出一封致"亲爱的同志"的信。信中说，调查委员会"决定与 Baltimore 和其他几位合作者辩论，这对我们有一种严肃的暗示"②。

随后，他又说，对实验室研究的过分调查将会毁掉这个国家的科学。NIH 主任 Wyngaarden 小心谨慎的话语中也包含担忧，即议会调查可能会抓住论文中的一些错误作为严重科学越轨行为的证据，并以此来攻击科学家管制他的同事的能力。可见科学界人士对国会的介入是极其不满的。

但以 John Dingell 为代表的政府官员则全力支持国会的介入。他认为，NIH 在巴尔的摩案中的表现应该看作对他们处理科学问题能力的一种决定性尝试。这种鲜明的观点分歧在听证会上暴露无遗：会议开始前，等候在外的是一些从美国各地赶来的著名科学家，他们主要是给论文作者尤其 Baltimore 提供支持的。里面则是经济情报局的法学专家们，他们相信证据，从那些没有按时间顺序排列的图片和实验室笔记中他们判定 Kari 有罪。该如何看待国会作为一种行政力量的干预呢？从行政力量介入后案件的发展过程看，利弊都有。

（1）在大多数情况下，行政力量介入时主观动机是好的，是为了杜绝、防范科学不端行为，是为了对纳税人负责。这一点，科学家 Baltimore 也承认。1991 年，在 OSI 经过调查宣布 Kari 有严重越轨行为后，Ballimore 公开发表一封道歉信，声称很"感谢政府所扮演的科学研究资助者的角色，并尊重它为保护公共利益所履行的职责。科学研究需要一个良好的自由环境，正因为公众的支持转变为政府资金支持，科学家才能把知识运用到实用领域"。他还强调政府对联邦基金项目进行监督的重要性。（2）通过行政力量的介入，有助于对事实真相的澄清。因为行政力量拥有比科学界大得多的权力，他们可以充分利用这些优势把调查做深做细。如 Ballimore 案中第二、三次听证会对争议的各个方面都有所揭示，而且调查了被 NIH 所忽略的某些方

① David Baltimore, "To Dear Colleague", *Nature*, Vol. 337, 1988.
② David Baltimore, "To Dear Colleague", *Nature*, Vol. 337, 1988.

面，这无疑是有价值的。（3）通过行政力量的介入，无疑也可以对揭发人进行强有力的保护。Dingell 在听证会上的开场白中就明确强调"要保护那些有勇气站出来的揭发者"。当 O'Toole 揭发了 Kari 的科学不端行为后，也的确存在保护问题，那时她得不到任何介绍信，也失去了工作，得不到免疫界任何人的支持。保护像 O'Toole 这样的揭发人无疑是有助于净化科学道德的。（4）借助行政力量可以实现学术团体无法实现的快捷。Dingell 于 1988年 7 月从 NIH 借用了 Walter Steward 和 Ned Feder，他们是 NIH 研究蜗牛神经系统的研究员，也是调查科学越轨案例的职业战斗者，只有行政力量才能实现这种调动。

　　Dingell 把他们借调到国会调查委员会，而让 NIH 继续支付他们的薪金。这样不仅把他们置于影响调查的有利地位，而且可以防止 NIH 的报复。国会与 NIH 又共同委托经济情报局对 Kari 的实验记录进行法学分析。这样的安排也只有依靠行政力量才能实现。但行政力量毕竟不同于科学界的力量，对于科学来说，他们往往是外行，往往自觉或不自觉地采用与科学界不同的方法调查此类问题。加上他们不熟悉研究过程，很难像科学家那样一针见血地看出症结所在。这样常常有违初衷，得出不恰当的结论。

　　在巴尔的摩案中，国会同 NIH 共同委托经济情报局对 Kari 的记录进行法学分析。Kari 所进行的实验属于科学前沿问题，具有较大的复杂性和全过程的难重复性，而经济情报局只能对其打印铅字、墨迹、磁带等进行法学分析，并与从别处得来的笔记进行比较，以确定数据是何时产生的。

　　在此之前，他们从未处理分析过 50 本数据笔记所载的这样复杂而庞大的科研数字，没经验可言，对一些过程的分析有错误是必然的。而 Dingell却以这次分析结果为依据草率地得出了结论，其结果就可想而知。更有甚者，为了使工作量尽量减少，经济情报局"只以 Dingell 的工作人员来决定结果的科学意义"，因而他们在做法学分析时并不是完全从客观事实出发，其中主观的外界干扰影响了分析过程。正如一位 NIH 官员所担忧的：国会的所作所为使得经济情报局把注意力放在他们每次想看到的结果上，在选择随机性事件和继续审查方面没有一个完全独立自主的分析，国会在某种程度上可能在给经济情报局的分析结果提供方便。

总之，该如何看待行政力量的介入，可能仍然是一个有争议的问题。这里不妨把科学工作者和政府的关系比喻为子女和父母的关系。子女的成长需要父母的帮助和引导，甚至监督，但子女和父母之间会有一定的代沟存在，子女有些观点和想法是父母无法接受的，因为他们处于不同的成长环境下。父母和子女的恰当关系应该是：父母可以对子女加以引导，但不应该过度加以干涉，以免造成对子女感情和心理的伤害。与此类似，政府为科学工作者提供资金和良好环境，科学工作者要对政府负一定的责任和义务，但政府若依此对科学界的争端给予过分干预，也会给科学研究和科学工作者带来一定程度的影响和伤害。

2. 署名作者及其应负的责任问题

在巴尔的摩案中，Baltimore 是论文的署名作者之一，但在案件审查中，他申辩说，他对 Kari 的实验知之甚少，对 O'Toole 揭发的"未曾做过的实验"之事，亦一无所知。问题是明显的，Baltimore 并未参与研究的过程，他只是一个署名作者。

若再严格地审视该案件，至少可以看到 Baltimore 有四处背离科学传统标准：

（1）出版前，他没有严格检查数据的质量和充分性；

（2）在受到批评后，他没有重新审查数据，并指出可能出现的错误；

（3）攻击批评此事的人，并阻拦检查结果的公布；

（4）没有根据结论做进一步检测。

这说明，作为作者之一在案发后他没有尽到一个作者的责任，他是一个完完全全的挂名作者。Baltimore 有资格在论文上署名吗？众所周知，只有付出劳动才能获得合著权。所谓付出劳动是指阅读过文献、具体做过实验、分析过实验、分析过资料、提出过理论或撰写过论文。付出了这些劳动才能使署名者有能力面对严格的同行检验和答辩。

如果只是对论文加以旁注或只做了无关紧要的贡献，充其量也只能写进致谢语中而不能作为作者出现。显然，Baltimore 在论文上署名是不合适的。那么，作为一位署名作者，Baltimore 又该负何种责任呢？Baltimore 曾在第二次听证会上声明，把对数据可靠性的检查留给别人去做，甚至还建议国会提供重复实验，让科学界和有关领域的科学工作者来最终证明有争议的数据及其他结论的正确与否。这种说法是荒谬的，这是在责任面前的退却！因为当读者发现某一论文的可疑之处时，原始作者责无旁贷应该自己去检查。他们比外人更清楚事情的过程。自己应对自己所做工作的精确性负全部责任，谁都无权像 Baltimore 那样，试图依靠别人来检查自己论文中的问题。这就是论文署名作者应该负的直接责任。可以设想，如果这种推卸责任的行为作为一种惯例被科学界所接受的话，将会对科学工作产生十分严重的腐蚀。而且如果出现在科学文献上的数据都需要由别人或政府来进一步检验以确定其可靠性的话，那么人们在使用这些公开发表的数据进行实验前将不得不重复实验。发表论文还有什么意义！

3. 科学管理机制需要不断加强与完善

从整个巴尔的摩案的发展过程来看，科学界对国会的参与极为不满，认为国会不是决定科学是否真伪的场所。而在 NIH 专门为处理科学研究中的不端行为而设立的调查机构 ORI 经过两次调查失败后（另一起是 1993 年对 AIDS 研究人员 Mikulas Popuc 的判定），也使得人们对它的办事效率和能力产生了怀疑。一些调查人员认为这种调查机制处于麻烦之中并需要修正。在巴尔的摩案中，从 Tufts 大学的调查到 ORI、国会、OSI 的参与，直到后来 DHHS 的重新审查及定案，反反复复历经十年有余，而十年后案件已由一起关于科研成果真伪的调查变成了纯粹对科研人员是非标准的评定。正如有人所说："现行制度已被破坏，它变成了律师之间的游戏"。Baltimore 也认为 ORI 应重新组建以便给被控告者一个公正的权利。

由此可见，依靠这种外部的强制及调查机制，其结果是不尽如人意的。建立科学界诸如 ORI 之类的科学外部机制固然对不端行为的防范有一定作用，但它对一些像 Kari 所进行的工作过程无法重复的前沿问题的实验，单凭一些数据和别人提供的线索是不能解决问题的。这样调查的结果只是浪费科学家的时间、浪费金钱。因而科学管理外部机制需要进一步加强与完善。

Tufts 大学和 MIT 大学先后组织的调查均发现论文中有需要更改的错误。随后的几次调查也都证明论文中有不少错误，可见论文在发表前就没能得到很好的审查。当发表后的论文受到控告后，调查人员根据 O'Toole 的建议要求查看 Kari 的原始数据和实验室记录，发现记录混乱，这无疑增加了案件的复杂性。

因而，要加强原始数据的管理，研究阶段原始数据的记录与保管是十分重要的，它既是将来调查的依据，又是成果的原始材料。在科学研究的各个环节上应加强防范措施，制定详细的记录、管理、查询制度，使科学研究内部形成一个较严密的机制。

整个案件是由 O'Toole 对《细胞》发表的一篇论文提出疑问而引发起来的，从整个调查过程来看，O'Toole 成了一个完完全全的受害者，提出合作者的错误或可能有欺骗性的怀疑是一个科研工作者应具有的职业和道德义务。而 O'Toole 在揭露 Kari 时却倍受冷落和压制，甚至失去了自己的工作，这同样是不正常的。针对这种情况科学管理机构应建立专门的处理程序。这种程序既要给被告者平等的权利，同时也要注意保护控告者。

总而言之，不管是从科学管理机制的内部还是外部机制看，巴尔的摩案已表明，都存在程度不同的不完善之处；从揭发人 O'Toole 事后的遭遇看，科学管理机制存在不完善之处。如果再考虑到扩大科学界自我约束的权利，尽量减少外界干预这一点的话，更有必要进一步加强和完善科学管理机制。

四、科学造假的一般败露机制

通过对美国冷核聚变案例的揭露过程的具体阐述，我们可以对科学活动中科学造假案件的败露机制进行总结归纳。

科学研究的过程是这样的：科学家为了满足社会的需求，通过课题形式开始做项目研究，他们在理论假设的基础上去做实验，通过实验结果与理论符合程度来证明理论的正确性。在实验期间，一直会有实验数据的出现，并对实验数据进行跟踪，然后通过不断发表论文来报道实验进展的情况。尤其是对于迫切需要解决的重大问题和重大课题，全世界的重大实验室都会努力跟进。一旦有了新的发现，同事或者同行竞争者会在此基础上进行进一步的研究，如果基础研究成功，就会进入应用研究和试验开发研究以解决社会问题。在这一整套的科学研究程序实施过程中，科研造假可以出现在任何一个阶段，而我们也可以在任何一个程序中去揭露舞弊行为，总结经验教训，进一步发现其败露的一般规律。

（一）在同行科研过程中被揭露

1. 同一实验室的同事通过私下查证实验数据直接揭露

根据对科学造假事件以及科学造假原因和动机的分析，发现造假都有一个套路。造假者一般是一个聪明勤奋、精通文献、实验技能优秀的学生，给人印象良好，很容易让别人信服；而且他通常在一位强有力的、高产的、对学生苛求的导师手下工作，常常以高效多产的惊人发现来迎合导师的希望，并在年轻时候就和他的庇护者或者导师互相合作来发表论文，具有令人羡慕的论文发表记录和出色的研究经历，被其导师视为保护对象或朋友亲信。但事无巨细，人无完人，这样精准漂亮的数据再加上速度惊人的发现，容易让同一实验室同事产生怀疑。

与本实验室同事朝夕相处，造假者的行为被早有疑心的同事看在眼里，怀疑与日俱增。通过同事的偷偷观察，私下查看只有内部人才有机会看到的照片、记录、图表等作为论文依据的数据资料和原始实验数据，以查证其是否存在造假行为。因为只有同一实验室的同事才有可能判断发表的东西是否与原始数据相符。发现的情况可能有以下几种：他的笔记本数据内容不仅前后不一致，而且与其发表成果不符，他们不仅篡改了原始数据和材料，而且修饰编造了实验结果，所以不能再现论文中关键的原始数据。更有甚者，其笔记本上根本就没有原始数据，实验根本没有做过，实验数据全部是凭空编造和捏造的，而且正在明目张胆地为一项将要发表的论文编造实验数据。还存在所有论文使用同一数据的现象。正如生物学家梅达沃（Peter Medawar）所说，在科学界，只盯学术论文是不完全起作用的，因为论文中所传达的信息不是完全正确的，而且作者在论文中也可能因存在某种企图而故意篡改和加工数据，所以不能对论文抱有十足的信心。① 当一个人说自己把原始数据弄丢了，事实上，这些原始数据和实验结果只存在于他的想象中，他的急功近利思想，导致了他伪造实验数据并发表了大量的论文。所以我们需要大胆细心、头脑清醒，同时有着怀疑精神和批判精神的实验人员，坚持不懈，直至揭露造假。

2. 同行竞争者通过重复实验间接揭露

在以前，重复实验作为科学自我管制中重要的方式之一，是指一个科学家宣布成果和发表其发现时，另外的科学家可以根据他的实验方法重复这个实验，客观地证实或者否定他的实验结果。所以，人们通常认为，任何做了假的实验，在别人重做时就会露出马脚，而且假成果越重要，其他人就越想去重复，造假也就越容易败露。但是在大科学时代的今天，由于科研项目越来越复杂，规模过大而不可操纵，重复一项实验往往需要投入很多时间、财力、设备和技术，以及特殊专业所需的原料等物力，再加上科学界中只奖励首创者的奖励制度，使得一个科学家只有在质疑有异议的实验结果的时候，才会去重复那些实验。然而尽管在科学界确实存在人们重复做对手和同行实验的现象，但那都不是为了要证明哪个科学家的发现以及科学理论正确与否，而是为了做得更好。当一个科学家宣布了一项重要的新技术或新实验时，他的同行们都会来重复他的工作，是为了搞出更好的东西，将它引入一

① ［美］威廉·布罗德、尼克拉斯·韦德著，朱进宁、方玉珍译：《背叛真理的人们——科学殿堂中的弄虚作假》，上海科技教育出版社2004年版，第20页。

个新的方向，设法在他工作的基础上进行改进以及获得进一步发展。科学家们只是在试图发展某个人工作的过程中，间接证实了这个人的工作。而这一间接的证实在揭露造假的过程中发挥了重要的作用。

在今天的科研热门话题和成果的重要性足以引起该领域所有主要研究人员关注的课题中，其竞争者试图重复某个宣称的实验，结果却失败了。然后竞争者以拜访的方式参观了造假者的实验室，并亲自看他做实验，忽然发现实验结果存在不稳定性，时而成功，时而失败，于是竞争者偷偷换掉或者撤走实验仪器和原材料。但是过分自信的造假者却没有因此而受到影响，依旧成功地完成了实验，取得了所谓的实验结果。这就让揭露者十分震惊，于是他把偷来的实验仪器和原材料带回自己的实验室继续做实验，后来才发现造假者已经把原材料换掉了，或者实验仪器在实验中根本不起作用，实验结果只是造假者主观判断而已，这样造假就被揭露出来。

3. 杂志编辑、审稿人事后揭露

在这里所说的通过审理稿件对造假事件进行揭露是从事后来说的，即在造假事件开始被其同一实验室的同事或者其同行竞争者怀疑的同时，审稿者事后进一步审核和撤稿可以为造假事件的尽早揭露作出贡献。

杂志稿件的评审是 20 世纪的产物，直到第二次世界大战之后才成为科学自我管理的标准方式。稿件评审，就是一些由专家组成的委员会回顾性地评审并评价另一部分科学家已经完成的工作，判断其论文的新颖度、实验方法的正确性以及实验结果的可靠性。这个极其重要的制度在科学界具有战略地位。但是随着科学进入大科学时代，杂志数量和论文数量的激增，以及科学家之间日益激烈的竞争态势，稿件审查变得令人沮丧，常常失效。但是我们也应该看到它在事后揭露造假中仍然起着重要的作用。

当一个科学家甚至一个实验室的实验数据被怀疑时，杂志编辑通常做的一件事情就是让作者提供实验的具体细节以及技术细节。当作者不能很好地提供或者找各种各样的借口推脱时，杂志编辑首先要做的是拒绝发表造假者提交的论文，然后由作者自己处理他自己的论文，只有在向杂志社提供详细的实验细节后，才可继续发表。如果已经发表的论文被越来越多的同行怀疑时，杂志编辑首先要做的是，向作者问责，要他回答同行提出的疑问并在杂志上刊登其对疑问的答复，如果作者无能为力，杂志编辑就会采取措施，将发表的论文撤掉，并向科学界发表声明。当遇到严重的难以解决的问题时，就会交给相应的调查机构进行彻底检查或者公布于媒体，并对这一作者以前发表过的所有论文进行彻查，甚至停止刊登造假者的其他准备发表的论文。与此同时，再度要求富于批判性的同行专家们对其造假的数据和实验程序进行批判性的评议和分析。这将对全面揭露造假者的舞弊行为起到重要的作用。虽然造假者在发表论文之前会使用小花招——修改数据，在统计学数字上做点手脚，修去棱角，想方设法只公布于己有利的数据，使其更易为刊物发表或同行们接受，或更符合他们信奉的理论。但是，当他们被怀疑时，杂志编辑还是会毫不留情地站出来承担自己的责任和义务的。这在冷核聚变事件中得到了体现。在冷核聚变事件中，英国《自然》的审稿人要求他们提供实验的细节和对比实验，但他们对此遮遮掩掩。最后审稿人还是决定不发表那篇文章。

（二）在社会应用层面被揭露

1. 实验在应用中失败导致被揭露

进入大科学时代，基础研究、应用研究和试验开发研究三者之间的关系越来越密切，不仅表现为基础研究的成果是后两者的基础和源泉，促进它们的发展，后两者的发展反过来也会为基础研究提出新的探索方向和研究课题。所以说，最重要的还是作为实验室的基础研究工作，否则应用研究和试验开发研究就成了无水之源、无本之木。正如曾任贝尔实验室理论研究部主任李特尔伍德所说的，在科学界，对于研究者来说，他们在没有掌握一门学科的基本原理时，他们是不会去开发其中的技术的，否则就会出现本末倒置的现象。[1]

---

[1] ［美］尤吉尼·塞缪尔·瑞驰著，周荣庭译：《科学之妖：如何掀起物理学最大造假飓风》，科学出版社 2010 年版，第 12 页。

如果造假者对基础研究的实验数据进行修改、伪造甚至捏造、炮制的话，尽管他可以逃过实验室同事甚至同行竞争者的检验来获得所谓的承认甚至成功，但是他的新发现、新技术和新发明在应用研究过程中还是会露出马脚的，因为那是违背自然科学规律的造假行为，在实践中不会成功，最终会被揭穿。

2. 通过互联网的查重机制进行揭露

论文查重数据库是近年来才被当作一种机制用于科学界的，现在已经被广泛使用于学术论文的发表以及毕业论文的审核上。以前，科学界是通过论文审查制来防止学术造假的。这个审查制度，就是通过专家权威来判定论文的学术价值和创新性，并发现论证和技术上的问题。随着科学家人数的激增和论文、杂志的泛滥，论文审查面临严重的局限性。在20世纪90年代中期，互联网给科学带来一种新的审查方式，这就是电子出版带来的电子审查方式。电子出版使得科学造假变得更加困难。它的作用被证明是"革命性的"。

在电子出版中，随着科学文献和计算机能力的指数增长，文献可以全部通过引用、作者、关键词或主题词相互连接，使其可用性和好用性变得前所未有，且有力而便捷。但是我们不能忽略电子出版中出现的问题。现在又出现了论文查重数据库系统来对投稿的论文进行查重，对论文造假者的剽窃、抄袭以及一稿多投等舞弊现象进行揭露。

论文查重数据库系统是按照这样的程序来揭露舞弊现象的：各期刊编辑部收到作者投稿后，首先在网上对论文进行一稿多投的查询，即通过对作者的姓名和单位、论文的题目、论文的主题词或关键词等来查询该作者是否已在其他期刊编辑部投递同一内容的论文或基本相同的论文。如果没有，就暂时接受其投稿，否则就将其退稿。对暂时接受投稿的论文要把它放入查重系统，看看其论文内容与已经发表的论文的重复度和相似度，即查询论文的抄袭度，并在最短的时间内将重合率较低的论文反馈给作者让其修改，而对重合率较高的则进行退稿，这样退稿的论文就因为抄袭过度或者一稿多投等舞弊行为被论文查重数据库系统揭露了。

3. 报刊等媒体的事后揭露

这里所说的报刊等媒体对造假者舞弊行为的揭露是指事后揭露，即当造假者被同事或者竞争者怀疑的时候，通过媒体报道，公开信息并进行跟踪，能够尽快及时地将事情真相反馈给公众，避免其受到更多的欺骗。

在大科学时代，媒体包括报纸、杂志和网络充当着舆论监督的第四种力量，在宣传报道科学发现中起着重要的媒介作用。有时媒体记者虽然会为了争先发表具有轰动效应的新闻报道而夸大其辞，从而牺牲论文的品质，但是在面对舞弊者的造假行为时还是有正义感、责任感和使命感的。他们通过新闻线索对事件进行价值分析和判断，对舞弊者的造假过程和调查机构的进展进行实时报道，这就是对造假行为进行毫不留情的揭露。这在冷核聚变事件中能深刻体会到。

4. 政府、调查组织以及调查委员会的事后揭露

在这里所说的政府和调查组织的揭露是指事后揭露。当造假者由于实验数据不实被怀疑时，实验室或者学校就会出面，邀请同领域的其他专家组成调查委员会进行调查，并实时发布调研报告，宣布事实真相。一般而言，由于对科研造假的调查不仅会损害科学家的名誉，影响其职业生涯，而且会牵涉到实验室领导的声誉，使得其研究机构由于资助和合同可能被中止而功能瘫痪，甚至会使学校的名誉受损。所以现在许多研究型大学都指派本校的高级管理人员来处理这类问题，虽然能起到或多或少的作用，但是由于其存在着平息丑闻、淡化指控和掩饰不端行为的动机心理，对舞弊事件的调查往往草草了事。直到科学欺诈发展到一定程度，超出科学界的范围，引起资助机构、立法机构和新闻界的关注时，才会邀请其他专家组成外部委员会来调查，甚至由政府出面组成调查组织来对舞弊事件进行全面调查，媒体全程跟踪报道。如果实验室或者学校在第一时间就邀请了外部专家组成调查委员会来进行调查，这种态度会得到大家的一致肯定。调查委员会对造假事件事后的揭露也有很重要的作用。

五、科学造假终将败露的警示

（一）假的终将败露

1. 急于取胜的欲望和职业野心导致造假行为自我暴露

通过前面章节对造假成因的分析，我们可以得知，不管是小科学时代自主研究的科学家还是大科学时代具有双重角色的科学家，他们发生造假行为都不能逃脱一些对于科学家来说最为重要的动力因素，即争夺优先权以获得同行承认以及在此之后带来的一些荣誉和地位。在科学界，对研究者来说，为了获得新发现的优先权他们可能会歪曲事实作出造假的行为。在研究者的眼中，获得同行的认可以及由此换来的被尊敬和更多荣誉的获得成为他们从事科学研究的重要动力。从科学史的角度来看，早期，科学家们就有为了自身的声望和荣誉的造假行为，包括对理论的改进和对数据的捏造等。科学研究犹如竞赛场，都想在激烈的比赛中以取得第一名为目标，甚至会为了达到目的而不择手段，采取非常规的方法，通过伪造数据、篡改结果以及抄袭别人的成果等方式作出造假行为。

任何事情都是过犹不及的，科学家这样的造假动机——过于重视优先权会使其急于取胜的欲望越来越强烈，甚至一次的侥幸成功更增加了其作出造假行为的勇气，再加上其实验技巧即喜欢"思想实验"，通过想象而不是观察得出结果，造假行为就在所难免。后来靠争论和巧辩等方法来说服他人相信自己学术的正确性，最终自己暴露了自己的造假行为。依据自己的理论编造出来的数据、通过想象而不是观察出来的结果等都会因数据太过精确或者结果太过完美而暴露了自己的造假行为，甚至在所作报告中含有很大水分的数据也会让其"死得其所"。许多案例都是凭空捏造式的舞弊，它们的暴露都是由于舞弊者太张狂或者太疏忽造成的。由此可以看出，过分追求自我利益和急于求成的心理，使得研究者的造假行为被自己暴露和揭穿了。假的终究是假的。

2. 科学界的三重审查机制以及私下查证致使造假行为败露

众所周知，同行评议、论文评审制度、重复实验是科学界的三重审查机制。同行评议和论文评审制度在科学界被当作防止科学造假行为的第一和第二道关口，对其发挥着重要的作用。评审委员会对报告或课题项目的重要性和价值大小进行审核，通过权威专家对论文的学术价值和创新性进行审查，对一些科学造假行为起到了很好的控制作用。但是我们也要看到这两种制度的自我缺陷和不足，所以我们要趋利避害，在利用这两种制度优点的同时结合其他的办法来防止科学造假，而不是因其缺点而将它们抛弃。如现在采取的将科学精英们的课题和论文置于同行评议和论文审查制度的检查之下等办法，使得这两种制度也开始慢慢发挥其应有的作用。

从理论上讲，重复实验是判断科学理论和实验正确与否的关键，即当科学家有所发现时，在他如实说明了实验的步骤等注意事项后，如果其他科学家能够重复这个实验，那么这一实验结果就是可靠的。相反，假的实验和发现会在别人重做时露出马脚，造假就会被揭穿，而且越是重要的成果，别人重复的可能性就会越大，尤其是那些热门的科研课题等更会引起研究人员的注意而使得造假行为被揭露得越快。但是重复实验在实践中却不是这样起作用的，而是其他科学家想通过引用这一重要的科研成果来作出更重要的发现的实验过程中，间接地发现了科学造假行为。

如果说上述三种机制在揭露科学造假过程中的功能和作用不是很大，那么私下查证这一手段再加上一个好问并有坚持精神的同事，则是科学造假败露的重要的方式之一。如一个科学家的原始实验数据不存在或者说与其公开的实验数据不一致而蓄意伪造的实验，被同一个实验室内部细心的实验人员偷偷发现。面对这一现象，研究人员不仅不能被"天衣无缝"的实验结果迷惑甚至去扩展这些结果，也不能躲开逃避，而是要有批判的精神，需要保持清醒的头脑和坚持不懈的精神，直击问题要害，揭露科学造假行为。

3. 互联网电子审查方式致造假败露

20 世纪 90 年代互联网给科学带来一种新的审查方式——电子出版带来的电子审查方式，使得科学界一个伟大的结构性变革发生了。电子出版使得科学造假变得更加困难。电子出版不仅使科学家可以从海量的科学文献中检索出与自己工作直接相关的、高度专业而又难以描述的所有文献变得容易，而且还可以记录和保存自己对这些文献的反应——笔记、评论、联系和灵感等，并随时让别人了解。再加上一些成熟的检索软件尤其是查重软件的使用，使得科学剽窃行为等更容易被揭露。

（二）假得越"真"，败得越惨

1. 研究者的造假模式

（1）造假者特有的性格、能力和成就（一种熟悉的模式）

年轻的科学家给人印象良好，精神饱满，聪明睿智，且具有同龄人所不具备的才华和创造性，个人能力强，不管是阅读文献的能力还是实验技能，才智出众而且高效多产，不仅对自己的研究领域有着透彻的了解，并且还知道哪些环节问题一旦被解决就能带来重大突破。他们是训练有素的实验者，在顶级研究机构中的顶尖实验室里工作，并且处于该实验室特定研究领域的前沿，而这个实验室的负责人则是一位有着诚实声誉的研究者，具有"行家"标志，是奇才，很有前途。与此同时，坦率，善于表达而且很容易让别人信服，这样能言善辩又有很强的个人魅力的年轻学者往往和他的庇护者或者导师之间进行合作，当然，这种相互合作通常是个人职业生涯起飞的模式。同时他也是出色的演讲者和优秀的教师。但是不可忽视的是，这些才华的背后有着雄心和野心，表现出过于自信、性急，急功近利。太急于证明自己的主张，总想一下子获得最终结果，所以导致其开始编造和篡改实验数据，既让导师高兴于不那么精确的正面数据，又用这些数据来印证大家都愿意相信的实验结果来为自己作掩饰，去作出所谓的科学发现，取得发现优先权，进而钻进学术界的高层。当一个研究者出现这些特点时，我们就需要对其引起注意，查看其原始实验数据和实验结果的可重复性，把其科学造假行为扼杀在摇篮中。

（2）研究模式

一方面表现为产出过多，超限度发表，即难以置信的产出率。多产令人惊诧，其两年时间所完成的工作足以同其过去花20年时间才能完成的经典发现相媲美。首先，把论文发表在不同的分支领域的多种杂志上，因此没有人能够全面了解他的工作。其次，他把那些对研究工作贡献甚少或者几乎没有任何发现的同事和学生，或并不是所在领域的优秀人物作为合作者，让他们到他所发表的论文上署名，这样就制造出一个高效合作的假象。或者把一些研究者引入一个他们并不熟悉的研究领域中，即用赠送署名的办法，为其不可能完成的工作量提供掩饰，导致了人们很难察觉问题。甚至出现了明目张胆的伪造权威或名人签名等离奇的事件，直到被调查委员会质询时那些被署名的"专家"才知道自己是论文的合著者，等等。另一方面表现为产出过好。如取得了好得失真、令人震惊甚至是革命性的结果，但别人却不能重复他的实验结果，从而反常的情况也越来越多。虽然表面上宣称运用了出色的方法，其实验结果的取得是建立在大量实验基础上的高质量的研究，但后来将发表过的论文、近来提交的论文、工作日志和实验笔记进行对比，以及询问同一实验室的相关工作人员，才发现更多的问题：论文原稿中所记述的实验从未做过，种种测量从未做过，所描述的统计分析也是子虚乌有，等等。这样的炮制高手，根据自己的预设观念而获得实验结果的高精确度，通过选择实验的有用部分、肆无忌惮地偏移和摒弃他不满意的数据，甚至删除了过半的数据，最终选择性地报告观察结果等方式来润饰实验，以生成一些现象作为证据。有时甚至还出现了论文没有走完发表流程，就开始通过媒体进行宣传或者多处分发预印本并做报告的现象。在科学界上，如果出现上述现象，则表明研究者存在问题，对其实验数据和实验结果更要认真谨慎地对待，这样，科学造假行为可能在一个相当短的时期内被提前制止。

2. 实验数据和实验结果的造假特点

一方面表现在实验数据上。造假者所提供的数据好得反常，在很多地方太过完美，精确得让人不可思议，漂亮的数据让同行赞叹不已。又以惊人的速度掌握了新的技能，速度之快让人惊叹，甚至能做好别人无法完成的高难度实验，技术上的非凡天赋，使得他被称为"金手""神通"。但是科学家知道，这样极端精确的数据是不存在的。因为这一漂亮的实验数据必须是在他本人在场的情况下才能取得，且实验数据的取得很不稳定，实验时而成功时而失败，甚至很难重复。于是其他警惕而敏感的科学家对其产生怀疑，因为从理论上和原则上来讲，在一般情况下，图表上所表示的数据只能是接近于而不是正好符合理想曲线或直线，这些几乎完美的图表是不存在的。他们还发现，这是非常高调、细心、大胆且狡猾而又简单的作假。如论述同一问题的数值在论文中的与实验记录本中表格上的并不一致，或者说散布于正文的数据与图表上的数据存在出入；论文的错误已经醒目到违背常识的地步，即论文中的数据与以前发表的该论文的摘要中的数据也不一致等。造假者为了使得数据符合他们的预期就精心编造了一些极端精确的实验数据，但假的终究是假的。所以，当热门或前沿的科研领域出现了这种极为精确的数据时，我们要对其认真分析和谨慎思考，这样就能使得假得"逼真"的造假尽早暴露出来。

另一方面表现在实验结果上。实验结果与实验数据太过一致了，以至于实验结果所提供的全部的、有力的和完美的实验证据和理论，让同事感觉这一实验结果是如此漂亮和有说服力，以至于也想花点时间去做这一实验或者去搞这个项目。但是事实上，不管从理论上来讲还是从实践中考虑，实验结果是不能很好地和实验数据相吻合的，或者说实验数据所反映出来的趋势只能是大致符合实验结果，因为在任何的真实实验过程中，结果总是与理想状态有所偏差的，太过一致纯粹由于偶然的缘故，所以编造的数据很难经得起仔细的审查。由于多数人往往低估理论偶然性所导致的出现大偏差的机会，因此编造出的数据一般会比真实数据更偏向于接近期望值，即在实验早期阶段因已产生的理论而编造接近期望值的数据。或者说为了与实验结果相符合而对统计做了手脚，即在取得理想数据后就忽视其他不理想的，而并非统计了可靠实验中所应该统计的全部，或者只选择了统计那些符合其预期的，或者被深知其所期望之结果的助手所骗，在统计时偏向于期望结果的主观意识所产生的累积效应，等等。在这种情况下，如果实验结果被同行审查，那么，无论多真的造假，也一样败得很惨。

3. 造假者导师的特点

在分析了造假者的自我特点及其在科研活动中特有的造假模式后，再分析其导师对那些逼真的造假的庇护方式，也有益于对那些造假的揭露。

导师有其共有的特征。一方面，在著名实验室里经常有一位某领域的专家或权威做导师，导师活跃和充满创造力的个性以及他的强有力手段和高产，使其自身权力膨胀，对学生也较苛求。另一方面，由于导师事务繁多，很少有时间密切监管下属，往往会选择信任身边某位才华出众、性情迷人、能言善辩的年轻学生。令人羡慕的论文发表记录以及在其他地方有着出色的研究工作经历者，经常被导师视为保护对象或朋友亲信。这一年轻人所作出的发现又惊人地符合雄心勃勃的导师的期望，所以导师对其特别信任，这种导师与"奇才"的特殊关系是科学造假中的极端情况。再加上导师对学生手里可以发表的资料的期待，不惜赠送作者身份，从而使得导师受到蒙蔽。然而在东窗事发后，大胆强势的导师对自己学生特有的庇护，也是科学造假中独有的现象。当调查委员会对令人震惊的实验结果进行调查时，导师表现出让人产生争议的好斗风格，无论是调查关于原始数据的遗失、模糊或条理很差难以分析的现象，还是关于自己学生的一些自相矛盾的陈述，导师都表现出了非理性的状态和行为。由此，导师的独有特征也使得我们对那些科学造假有所认知，进而尽早揭露。

（三）科学造假败露的警示

通过上面分别对科学造假事件败露的具体过程进行阐述以及对科学造假败露机制的总结归纳，我们可以发现，科学造假败露是非常不容易的。即使出现了我们前面所说的那些特征，包括造假者的特征、科研模式以及其导师的特征后，造假行为初露端倪时，作为同行或同事的科学家还是不会冒险去怀疑其同行造假，最多只是认为是其无意犯了错误。因为在科学界，随着科学跨专业的横向发展以及纵向的深化发展，合作研究逐渐变成了普遍的发展趋势，科学界同行、准同行或同事、合作者，彼此之间的信任是最为重要的，而且在此基础上展开科学研究才能取得显著成效。因而不是万不得已，漏洞百出，科学家是不会怀疑自己的合作者或者同事的。

1. 科学内部机制固有的缺陷导致科学造假败露艰难

众所周知，在科学界，同行评议、论文审查制度和重复实验是科学家们所认为的防止科学造假的三道重要关口，但是科学造假事件的不断发生使得人们对这三种制度产生了怀疑，并对其优缺点进行了相应的反思，更多的是对其进行批判。从本质上来讲，这三种制度在对科学新发现或者重要科研成果的评审中发挥着重要的作用，真正影响其功能发挥的是"马太效应"和"精英制度"的存在，所以在研究科学造假的败露机制时，要着重对马太效应和精英制度进行研究分析，趋利避害，发挥其应有的重要功能，避免因使用过度而带来弊端。

一方面，在同行评议中，马太效应和精英制度作用的充分发挥，可以让评审人从众多的课题申请中快速选择出高质量、有价值和有创新性的科研项目，避免浪费大量的时间用于没有意义的项目申请上，使科研成果可以被公正有效地评价。但是与此同时，我们也要看到，同行评议因这两种制度而形成的"哥们网"，即评议人都是从精英集团和机构中挑出来的，他们之间的互相评议其实就是瓜分科研经费的垄断游戏。再加上评议过程中存在的个人偏见，使得同行评议作出的决断有很大的主观因素，有可能埋没了真正的科研新手所作出的有创新性的研究，从而扼杀了新思想和科学突破。正如科尔兄弟所说的：在科学界，经费的申请受着命运一般随机的影响，换句话说，经费的批准与否50%取决于课题的真正价值，而另外的50%则被他个人的运气所左右，即类似于随机抽签的模式。① 由此可见光靠同行评议是不能防

---

① Stephen Cole, etc. , "Chance and Consensus in Peer Review", *Science*, 1981 (214).

止科学造假的。

另一方面，在论文审查制中，科学发展所带来的数量庞大的学术论文，因马太效应和精英制度的存在而使得编辑和审稿人能快速把注意力集中于那些可能有特殊价值和意义的论文中。与同行评议一样，这样就导致了不出名的科学家有意义和有创新性的研究被忽视。正如默顿所说："当马太效应成为权威的偶像时，它就违反了科学机构所体现的普遍性原则，阻碍了科学的进步。但是，科学杂志的编辑和审稿人以及科学的其他把关人干了多少这样的事，恐怕人们知道的很少。"① 与此同时，受审稿制度中个人偏爱和个人口味等主观因素的影响，大家往往认为编辑工作存在相当严重的不可靠性，即不合某个上级口味的发现不能发表，不科学的数据却在持续露脸的现象一直存在着。正如 Michael J. Mahoney 所说："同样的稿子因审稿人不同而遭遇完全不同的命运。当它是肯定的时候（即合了审稿人的口味时），审稿人的意见一般都是略加修改可以发表。结论与审稿人的观点不同时，评价则相当低。"②

由此可见，对于同行评议制度和论文审查制，谁也不能要求它们是十全十美的，它们与生俱来就存在着相当大的主观因素，在马太效应和精英制度的影响下更肆无忌惮，即缺乏对高水平研究的一致认识以及主观性的大肆发光，严重限制了它们接受新思想、剔除低水平科研和伪科学的能力。这就使得一个善于以假乱真的科学骗子比一个敢于革新的天才有更多的机会通过系统的检查。这种系统的松散性使科研领域中形形色色的造假者们一次又一次毫无阻力地蒙骗过关。与此同时，精英们免受检查，也是同行评议和论文审查制度的一个严重死角。若不严加限制，将可能严重侵蚀科学界。所以在科学界，同行评议制度和论文审查制不是完全可靠的，它们能够大体地将麦粒和麸皮分开，但仍然免不了在麦粒中混有相当多的麸皮。我们不能完全依赖这两种制度。

---

① ［美］威廉·布罗德、尼克拉斯·韦德著，朱进宁、方玉珍译：《背叛真理的人们——科学殿堂中的弄虚作假》，上海科技教育出版社 2004 年版，第 81 页。

② Michae J. Mahoney, "Publication Prejudices: An Experimental Study of Confirmatory Bias in the Peer Review System", *Cognitive Therapy and Research*, 1977 (1).

重复实验通常是作为防止科学造假的最后手段而出现的，那些不能重复的实验是要被抛弃的。一个新的科学发现是需要被另一个科学家重复实验加以验证的，当按照实验步骤去做却不能被重复时，这一实验就会被认为是不成功的甚至是可疑的，就会否证这一实验结果，所以重复实验是人们用来判断科学理论和实验正确与否的关键。任何假的实验都会因不能被重复而被揭穿，假的越真，败得越快。但是越来越多的科学造假事件使得我们认识到，由于科学跨学科的横向发展以及专业深化的纵向发展，使重复实验有着不可逾越的困难。不仅是其材料、步骤不可得，最为重要的是受到科学界特有的优先权的影响。重复实验是不会带来优先权的，揭穿科学造假也不会给其本人带来名誉和声望，再加上因科学家彼此的信任才开展的科学合作研究不允许彼此怀疑，这些使重复实验对科学造假的揭露具有有限性。而有时因想通过利用新的科学发现作出进一步的发现时，才间接揭露了科学造假，就有种"无心插柳柳成荫"之行为。

所以，从科学造假的揭露机制来看，单独依靠某一种制度是不可行的，需要科学界内外共同的努力，包括政府、公众以及媒体在内的社会因素共同努力才行。

2. 科学以及科学家非理性因素的存在导致科学造假败露的困难性

随着科学发展由小科学时代经历科学建制化步入大科学时代后，科学与社会的相互作用所表现出来的科学对社会的强大功能和促进作用，以及社会对科学的资助和依赖等，都使得科学作为一个子系统，同其他子系统一样存在于社会这一大的系统中。我们在承认科学有其独特作用时，也要认可科学存在着与其他子系统一样的非理性因素，尤其是受到经济利益因素的影响，这一非理性因素使得包括科学家在内的科学界出现的科学造假事件越来越普遍，而且被揭露出来越来越困难。

普赖斯的科学增长理论认为，现在的科学发展已经结束了指数增长的快速发展模式，而进入滞涨阶段，换句话说，作出科学发现越来越难，科学家面临的竞争越来越激烈，科学家必须讲究实效。在同样作出科学发现或者科研成果时要学会"游说"艺术，即要会宣传自己的工作、技术和作出的科学成果，证明自己理论的正确性。科学史中被揭穿的科学造假案例表明，当研究者所用的技术被证明可能会产生两种结果时，或者当他们的理论被证明站不住脚时，研究人员会丢掉科学的客观性而选择为这些非理性因素自圆其说来让自己的新理论、新发现被承认和认可。由此可见，科学中的非理性因素使得科学家和大多数普通人一样，有着自己的私欲和个人利益，为了达到目的不择手段在科学界也是经常发生的，而不是科学哲学家所认为的那样，他们只是穿着白大褂追求真理的逻辑机器人。还原科学家普通人的普遍性，考虑到他们自己的动机和非理性，就会对科学造假正确看待，并进而客观解决之。

综上所述，科学揭露的各种机制都有其弱点和缺陷。但假的永远是假的，被揭露只是时候未到而已，有时需要很多年，甚至需要上千年才能露出真面目。正如威廉·布罗德和尼古拉斯·韦德所说的，在科学界，伪科学因其自身的不足和缺陷使得其最终要破产，所以说时间是最终的把关者和裁决者，在时间的考验下，所有的谬误和造假最终会大白于天下。即时间和踢掉所有无用研究的无形之靴是真正的科研把关者。① 我们需要做的是：不论是谁质疑你的实验，你都有责任进行核查；你发表了论文你就必须负责，这是学术界铁定的规矩；即使是最资深的教授也需要认真对待最低级的技术人员或者学生的质疑，考虑他们的批评和意见，进而避免科学精英主义所带来的科学造假盛行现象的出现。

---

① ［美］威廉·布罗德、尼克拉斯·韦德著，朱进宁、方玉珍译：《背叛真理的人们——科学殿堂中的弄虚作假》，上海科技教育出版社 2004 年版，第 87 页。

第五章　对科学造假的哲学反思
——从利益冲突的角度

一、理性科学家为什么也会造假

我们在前面根据案例具体分析了科学家造假的成因，这里主要从科学哲学的视角——利益冲突来分析理性科学家发生科学造假的原因。

（一）利益冲突的含义

利益冲突，英文翻译为"Conflict of Interests"，这一由来已久的词汇从字面意思来看是指不同利益主体之间因利益问题而产生的竞争和争夺等冲突，但是其作为一个专业术语被界定，首先是作为一个法律概念而出现的。1949 年，出现第一起因利益冲突的法院判决，通用汽车公司总裁威尔逊（Charles E. Wilson）必须出售其在公司的股份，才能出任美国艾森豪威尔（Dwight Eisenhower）总统任命的国防部长，否则美国国会就认为其潜在的利益冲突可能使得公众利益受损。①

1. 利益冲突本身的含义

在美国，《美国百科全书》（*Encyclopedia Americana*）对其解释：一个人

---

① "Encyclopedia Americana", *Encyclopedias and Dictionaries I*（Vol. 7），Grolier Incorporated，1999，p. 538.

的利益及职责与他另外的利益及职责所发生的冲突，在这里，利益及职责有两种含义，履行责任的免责利益和自身的经济利益。[1] 第七版《布莱克法律词典》（*Black's Law Dictionary*）对其解释为：一个人的职责与其自身个人利益、获得个人利益之间的关系。[2] 所以，按照这两本书的定义可以知道广义的利益冲突的内涵，即当事人的职责、利益与他自身的私人利益之间发生的冲突，认为只要个人因私利侵犯了其所从事职业的规范和义务就发生了利益冲突。由此看来，利益冲突是普遍存在的。利益冲突这一词汇进入科学界是在 20 世纪 80 年代以后，因医疗学术界科学造假行为的出现而使得这一词汇得到了特有的广泛关注。以瑞曼（A. S. Relman）在《新英格兰医学杂志》上发表的论文为开端[3]，科学界就在这一领域开始了大量研究，而且由个别人的兴趣逐渐发展到被越来越多的学者和社会人士所关注。其中卓越的研究者之一汤普逊（D. F. Thompson）给出了包含利益冲突及其实质的定义。因其主要集中介绍了发生在医生、学者、大学教师等阶层的利益冲突而显得其更强调了"专业判断"，所以被越来越多的学者、期刊和机构普遍接受。这一定义是，利益冲突表现为这样一些境况：某个与当事人（可以是病人的福利或者研究的有效性）相关的专业或职业判断——主要利益，有可能会不恰当地受到个人次要利益（私人的经济所得、学术声望、友情亲情、地位提升等）的影响。[4] 这一定义包含三层意思：其一，利益冲突是建立在一种信托关系（Fiduciary Relationship）之上的，受托人因具有相关的专业知识和技能，通过作出判断和行动来对委托人的的利益进行维护；其二，受托人具有包括委托人利益和自身利益在内的两种利益，并且这两种利益之间存在此消彼长的可能性的关系，即是相互抵触、相互竞争或相互冲突的两种利益关

---

① "Encyclopedia Americana", *Encyclopedias and Dictionaries I* (Vol. 7), Grolier Incorporated , 1999, p. 538.

② A . Bryan Garner, *Black's Law Dictionary 7th Edition* , West Publishing Co , 1999, p. 295.

③ A. S. Relman, "The New Medical – Industrial Ccomplex", *New England Journal of Medicine* , 1980 (303) .

④ D. F. Thompson, "Understanding Financial Conflicts of Interest", *New England Medicine Journal* , 1993 (329) .

系；其三，利益冲突是其所受委托的利益（作为主要利益）和自身的利益（作为次要利益或私人利益）之间所发生的冲突，即在这种信托关系中，受托人违背"委托—代理"的契约关系，牺牲职业利益而成全自我私利的行为。

在中国，许多学者也对利益冲突进行了研究，相对来说比国外晚一些。从 2001 年起，邱仁宗、赵乐静、曹南燕、魏屹东等人开始了这一视角的研究。其中对利益冲突内涵的界定主要有：在邱仁宗看来，利益冲突是一种趋势，是指一个人因受某种利益的干扰而使其在代表另一个人时会作出不合理的判断[①]；曹南燕则从科学活动的角度对利益冲突进行了界定，在她看来，科学中的利益冲突就是科学家因自身的利益而使其在从事科学研究时会作出不客观、不准确和不公正的判断；等等。[②]

2. 对利益冲突的正确定位

利益冲突作为一个普遍存在的社会问题，被认为是"纯粹"科学领域的也不能例外，所以对其进行定位尤其重要。利益冲突其实是个不好不坏的中性描述性词语，本身并不带有任何贬抑的色彩，所以没有必要对其另眼相看。其本身包含了两层意思：一是，当我们说某位科学家存在利益冲突时，只是对这位科学家目前所处的一种境况、状态和际遇的"描述性"阐述，不一定就是坏事。有时恰恰正是科学家对其正当利益——优先权、名誉、声望的追求而推动了整个科学事业的发展，所以这时的利益冲突只能是一种环境和情况，客观地指出了这位科学家处于这样一个状态之中，仅此而已，并不代表他已经作出了带有任何感情色彩的价值判断或确已发生的行为，也就是不能说利益冲突已经实际地引发和造成了严重的社会后果，所以利益冲突本身并不可怕。二是，我们在这里提到的利益冲突不可怕，并不是可以任其自由发展，恰恰相反，我们之所以会注意到利益冲突这一状态，就是因为利

① 邱仁宗：《利益冲突》，《医学与哲学》2001 年第 12 期。
② 曹南燕：《科学活动中的利益冲突》，《清华大学学报（哲学社会科学版）》2003 年第 2 期。

益冲突的肆意发展会产生"偏向"，最终会对科学的发展带来危害。[①] 我们说在科学家身上发生了利益冲突，就是说他们的自身利益影响到了职业利益，其在研究过程或者研究成果中选择了后者，作出有倾向性的判断或者得出有倾向性的结论，最终使得"委托—代理"契约关系内在规定性被破坏和主要利益受损。所以对于这一词汇，我们要辩证客观地理解和看待。

需要指出的是，在进入大科学时代的今天，利益冲突所造成的偏见、偏向和偏心随着科学功利性和经济功能的凸显，使其在科学活动中（包括研究过程、评审过程和发表过程等）变得越来越普遍和越来越激烈，逐渐引起了相关研究机构、管理部门和学术界的注意。

利益冲突是科学建制的产物，随着科学与社会关系的日益密切所形成的"社会契约"而使其成型并得以发展，再加上"企业式的科学家"的出现，使得科学家具有了双重角色（即社会的个人和科研人员），进而影响其课题的选择、课题的研究以及研究成果（作出充满争议的结论）的公布。这些都为利益冲突的发生提供了可能，一些具有争议的科学技术方面的行政制度也变相地刺激并加剧了利益冲突的发展。[②]

从理论上讲，利益冲突并不必然危害科学活动的公正性和科学家职业判断的客观性，也不必然导致科学家偏离科学传统而产生越轨行为。事实上，置身于利益冲突中的行为主体，往往很容易产生有利于自己的偏向的心理和行为。而且更严重的问题是，人们对自己已经产生的偏向常常感觉不到。也就是说，人们常常发生无意识的、自私的偏向。正如史密斯（R. Smith）所言："偏向以一种微妙的方式起着作用，然而，却没有任何人能够有幸了解微妙的动机和心理活动的机制。"[③] 这种偏向所造成的后果便是，科学研究成果的真实性、科学家职业判断的客观性的丧失，科学传统、科学精神的偏离。所以这里从利益冲突角度来对理性科学家的行为进行分析，是指从利益

---

① 魏屹东：《科学活动中的利益冲突及其控制》，科学出版社 2006 年版，第 33 页。
② 魏屹东：《科学活动中的利益冲突及其控制》，科学出版社 2006 年版，第 59 页。
③ R. Smith, "Editorial: Beyond Conflict of Interest: Transparency is the Key", *British Medical Journal*, 1998 (317).

冲突所造成的科学家的偏见或偏向的视角来阐述的，并且这一偏心和偏向已经影响其作出正确判断，影响整个科学事业的发展。

（二）科学家的自身因素

1. 利益冲突导致科学家科研动机的复杂性：为了个人获利

作为行为科学研究的重要内容——动机（Motivation），也存在于科学活动的主体科研工作者当中，其科研活动中动机的复杂性不仅可能导致科研工作者处于利益冲突的状态，还可能使其因私利而产生偏见进而作出学术造假的行为。正如苏布拉马尼扬·钱德拉塞卡（Subrahmanyan Chandrasekhar，1983 年的诺贝尔物理学奖获得者）所说，科学家因自身对科学的追求动机不同而导致其对待科学产生不同的态度。所以，当研究者面对自身的利益与其职业利益或规范义务之间的矛盾时，所产生的利益冲突会导致其作出科学造假的行为。由此看来，在大科学时代的今天，科学家从事科研活动的动机日益复杂化，且越来越以经济利益的获得或者说个人获利作为其作出判断和行为的标准。

众所周知，科学的发展大致经历了由小科学—科学建制化—大科学时代三个发展阶段，相应地，其科学研究的主体科学家的动机也由单一向多样化转变，从小科学时代的单纯追求真理的崇高精神探索，到科学建制化的为了获得承认、名誉和声望的复杂科学动机，到现在大科学时代的经济和社会功能日渐凸显的科研动机，不但要考虑为国家、公众和企业服务，而且作为一种谋生职业要考虑自己的生存和发展的纯粹功利目的的复合动机。

人们曾经在观念上认为科学家是"圣贤"，他们无论何时何地都会以追求真理、保证科学研究客观性为目标，为科学发展作出贡献。事实上他们并不是"圣贤"，他们不仅以科学作为谋生的职业，而且他们首先是作为社会的人而存在的，有着普通人的七情六欲，有着大众一样的利益冲突，甚至会因个人私利而作出虚假的职业判断和行为。

（1）小科学时代，科学家渴望科研出成果的动机导致其在基础研究中产生偏见

众所周知，基础研究中的科学家是最诚实和最单纯的，因为在他们的实验研究中没有个人经济利益和雇主利益的存在，是典型的纯科学研究，对他们来说，进行科研的动机或者说也最为重要的是为了争夺优先权而获得应有的承认，进而获得声誉和名望。但是，在基础研究中，如果当研究者对最初的研究成果有过度的期望，而使得其在实验早期已经以先定的方式对实验或研究成果进行了期望和预设，即"期望偏见"，这种偏见可能会导致错误的结论。换句话说，研究者可能在研究初期问题的选择、假设的选择以及实验过程中数据的收集和评价就会因对实验结果的某种最初的期望而产生错误，急切获得真理的愿望和极想获得个人名誉的动机使其产生偏见。由此可见，获得名望这一利益因素的介入也可能使科研人员产生偏见。也就是说，最初的结果本来就是错误的，特别是为获得名誉而得到所期望结果时的科研动机使得情况会更糟。所以说当研究者对自己所渴望的研究成果的动机太强烈，而没有适当的控制机制去制约时，他就会变得不诚实甚至会出现为个人利益而作假的危险科学行为。

（2）进入科学建制化时代后，科学家利益因素的渗入，其在应用研究中的动机使其产生偏见

科学的建制化以及作为一种职业出现的科研使得科学家从事科研活动的动机变得复杂了，不仅为了获得科学共同体的承认，而且还要维持其生存和发展，甚至后者往往在一定程度上比前者更强烈，所以在科研活动中存在经济利益因素是很正常的事情。尤其是在应用研究中，个人获利的可能性更容易实现，所以在此阶段由获得个人私利的动机而产生偏见也就司空见惯了。正如汉森（Norwood Russell Hanson）、库恩所说的，观察受到理论的影响或者说理论渗透于观察而导致科学家对价值的思考，已经深深影响了他们在实验中对问题的观察与思考。[①] 由此可以看出，利益冲突无处不在且时时刻刻

---

① 赵乐静：《论科学研究中的利益冲突》，《自然辩证法研究》2001 年第 8 期。

都会影响研究者作出判断。

与基础研究一样，在应用研究过程中，利益因素特别是经济利益因素的动机渗入科学家的数据收集过程，形成的"观察者偏见"会直接或间接影响实验的设计和结果。当所作出的实验结果或研究结论不能转化从而实现其经济利益时，研究者可能会因包括经济利益在内的自身利益而作出偏离自身角色所应有的职责和判断，如通过故意改变或保留科学数据等手段，演变为科学造假进行"内部交易"而获利。

在科研活动中，最可能对社会造成危害的不是基础研究，而是应用研究，它因加入了科学家金钱在内的利益动机使得其将社会置于危险之中。特别是在临床研究中，偏见是"选择患者的无意识歪曲、数据的收集、终点的确定和最终分析"。[①] 尤其是当研究者的偏见得不到有效控制时，这些研究不仅对增加新知识没有什么用处，而且对患者有害；不仅使得患者的医疗费用增加，而且浪费政府的研究资金。即使研究者没有使用政府资金，但纠正这些偏见造成的错误也需要追加经费。

（3）大科学时代的科学家从事科研动机的复合化，经济利益的驱动不仅使其越来越注重能带来经济利益的研发项目，而且越来越注重趋向于雇主的利益进而使得个人获利

从小科学时代—科学建制化—大科学时代，科学研究经历了由崇尚自由、探索奥秘的闲散阶层的业余爱好，到逐步演化为一种科研从业者们赖以谋生的职业，再到通过科研成果的转化获利的企业家式的科学家出现。众所周知，在科学的经济功能越来越明显的当代，知识产权和产、学、研联结为一体的科技发展模式使得科技成果进入生产应用的周期也大为缩短，科学家想通过其研究成果和知识产权的转化应用而获得个人利益来作为其科研的动机，这也是能理解的。这种原本无可厚非的科研动机却在政府支持的大学与企业日益密切的联系中变味了，或者说导致了科学家价值观念的改变，即为

---

① T. C. Chalmers, *The Control of Bias in Clinical Trials*, In: *Clinical Trials: Issue and Approaches*, New York: Marcel Dekker, 1983, p. 115.

了获得雇主或投资方期望的结果而随意篡改数据资料甚至是科研结论，更为了在以后继续获得投资方的赞助或者从科研成果转化中给自己带来高额的回馈。这种为了自己的包括经济利益在内的个人利益使得科学家作出倾向于能给自己提供资助或带来私利的行为，这种不管科研成果客观公正性和科学规范的行为，这种为了金钱驱使自己"努力"工作的行为，其实就是过度追求自身经济利益的功利动机所导致的。而这一动机——对金钱的过度追求使得科学家在科研过程中作出偏离和偏向的行为，甚至是造假的行为。

2. 利益冲突引发的科学家角色的转化和分化

（1）科学家兼职也叫角色义务冲突所导致的角色转化

对于"角色义务冲突"，美国医学院校协会（AAMC）给出了定义：科学家因兼职太多而无法完成其职责义务而产生的冲突。[①] 对于这一定义，我们要客观对待，它本身是中性的，只是可能会因个人的时间、精力有限而导致作出顾此失彼的判断和决策，导致其陷入不同职业角色的困境，甚至是当出现相互矛盾的职业判断时，他们的角色冲突则会更加激烈。正如唐纳德·肯尼迪在《学术责任》一书中所指出的：在科学领域中，科学家的利益冲突最近开始慢慢浮出水面，尤其是大学里的科学家拿着学校的薪水而为私企做事。所以在生物科技领域里出现百万富翁的科学家也就不稀奇了。而同时让公众唏嘘不已的还包括那些研究员的丑闻，如为了经济利益的毒品实验以及利用公共设施为自己谋福利等行为。[②]

所以，在大科学时代的今天，兼职太多的科学家因自身精力以及能力的有限而导致角色的职责不能很好地发挥作用，进而造成重大悲剧的发生，从而影响了科学事业的健康发展。与此同时，科学建制中奖励制度的不完善性，即对科研的过度重视远远超过了对教学的注重，使得教师特别是从事基础学科的研究者，在教学、科研的时间、精力分配方面产生无所适从之感的

---

① 赵乐静：《远离认识偏见——直面科技界的利益冲突、义务冲突》，《世界科学》2002 年第 8 期。
② ［美］唐纳德·肯尼迪著，阎凤桥等译：《学术责任》，新华出版社 2002 年版，第 189 页。

问题尤为突出。这就导致了科研工作者顾此失彼，进而作出为了自身利益的过度不理性行为。

（2）大科学时代，作为追求真理的科学家在向作为企业式的科学家转变的同时，导致其角色分化，出现双重性的特征

自科学萌芽至科学建制化的完成，其赖以生存的学术环境乃至整个社会环境使得科学家的角色身份发生了微妙的变化，即从"科学的业余爱好者"转变为"职业科学家"。而在科学建制化之后，随着科学研究社会环境的重大变化，社会价值取向和文化氛围的微妙变化，科学家的角色身份又有了新的变化，即科学家进一步具有身兼社会的"科学家"和生活中的"个人"两种角色。具体来讲就是，在科学体制之内，科研成为一种职业，科研活动成为学院科学家的职业活动。在科学体制之外，在日常现实生活中，科学家和普通公众一样，是一个个为生活而奔波和忙碌的现实的个人。这两种身份通常共生于一个人身上，并行不悖。但是它使得科学家的价值取向和行为方式摇摆不定，也就是说虽然"科学家"和"个人"通常也能够在适当的时间、地点自由地转换角色，但并不会总是和谐转换，因为进行科研活动的科学家可能会关注和顾及个人自身的利益而忽视了其作为科学家的角色，进而造成其对职业判断产生偏见，甚至出现造假。

与此同时，在政府一系列推动大学与企业联合、加快技术转移的政策刺激下，一些科学家尤其是一些一流科学家开始尝试成立自己的公司，开发和使用自己的知识产权。西方在 1980 年的史蒂文森—惠得勒技术创新法案①、贝—道尔专利权与商标权修正法案②和联邦技术转移法案③实行之后，再加上科学家的个人需求，科学家自己进行技术转移的热情一下子被激发出来。此时的科学家所承担的角色又一次发生了改变，成为"企业家式的科学家"，即他们不仅仅是具有一定水平的科学研究者，而且是以极大能力和主

---

① 曹南燕：《科学活动中的利益冲突》，《清华大学学报（哲学社会科学版）》2003 年第 2 期。

② A. 杰斯顿费尔德编，王恩光等译：《美日科学政策透析》，科学出版社 1986 年版，第 218 页。

③ C．David Mowery，"The Growth of Patenting and Licensing by U. S. "，*University*：*An Assessent of the Effects of the Bayh‐Dole Act of Research Policy*，2001（30）．

动性能够设法从企业、社会公共资源以及其他领域中筹集资金和获得资助的科学家。

作为企业式的科学家，从理论上讲，他们对"真理性知识"的追求，并不与其所从事的"知识的商业化"活动、接受企业资助、自己创办公司等活动相冲突，但是一个不争的事实是，他们的这种双重身份使得他们在科学研究过程中面临两种利益选择：一方面，科学家希望从投资者那里获得更多的个人利益；另一方面是投资者所期望得到的雇主利益。当科学家的科学研究比较顺利或研究选题比较容易进行时，这两种利益能够相互协调，一般不发生利益冲突。众所周知，科学研究是探索未知世界，从事前人未曾做过的事情，这种特征使得科学研究并不都是十分顺畅的，科学家有时花费几年或更长时间也很难达到预期结果。此时，投资方往往会埋怨科学家，甚至以不再增加投资来要挟科学家。于是科学家在面对企业对其研究的过度干预下，为了能按时满足投资者的要求和达到企业所要求的科研成果，可能会采用科学造假的行为方式，使得其研究成果向着有利于企业的方向发生变化，或者压制那些对企业不利的研究成果，最终保护自己的名望以期获得更多的资助。这就是由利益冲突所带来的角色双重性，导致科学家作出非客观公正的判断甚至是造假行为，进而影响科学事业的发展。

所以说，不管科学家出于什么动机，不管他们怎样管理公司，事实上，这些学院科学家的身份已经悄然发生变化。他们一只脚站在大学校园里，另一只脚站在企业里；一部分时间在校园里扮演着科学家、教师的角色，另一部分时间在公司里充当着企业家、CEO 的身份。他们成了典型的"双栖"科学家，也成了"企业式的科学家"。不言而喻，这些双栖科学家在进行科研活动时，会时刻想着公司的利润和前景；他们在管理公司时，会时刻想着如何将他们的知识产权迅速商业化和市场化。于是，角色的双重性使得理性科学家过度注重自身的私利而作出造假行为。[①]

---

① J. Doutriaux Padmore, etc., *Theory and Practice in University – Industry Collaborations*: *An International Case study*, www.chet.educ.ubc.ca/pdf_ files/HansTheoryPractice.pdf. 2003.

（3）科学家角色的转变及其双重性使其个人因素、职业因素和知识因素中的利益冲突显著，进而影响其作出正确的判断

科学作为一种决策活动，其中的活动主体——科学家，随着科学进入大科学时代，其自身的个人因素、职业因素和知识因素因受科学家角色的变化而变得复杂，相应的复合的利益冲突出现，影响其作出正确客观的职业判断。

首先，科学家是思维着的、现实的个人，随着其角色从单一变得复杂，由单向变为双向，科学家个人的因素也相应地发生着变化。科学家在以前的科研活动中可能受到宗教情结、政治立场、道德标准和民族情感等这些个人因素的影响比较强烈，从而使得其在作出科学判断和科研行为时考虑这些比较多。随着科学进入大科学时代，科学家角色的转变及其双重性，使其主要受到影响的个人因素就变为主观上、心理上的偏好和价值倾向等因素，最为重要的是经济因素和个人的社会关系，这样他们在作出职业判断和科研决策时就会趋向个人的私利或者通过满足企业等雇主的利益来实现个人的获利。由此看来，科学家个人因素在其决定理性行为时也发挥着重要的作用。

其次，科学家的职业因素，在进入大科学时代后，随着科学家职业角色的变化而发生了相应的变化。从"供一位英国绅士消遣的适宜的工作"① 转变为注重科学家的归属感、进取心、独创性，对某种"思想学派"的忠诚，发表在高质量学术期刊上的论文，获得同行的承认，对声望和名声的渴求，获得令人尊重的奖项以及获得研究资金等诸多因素的科研工作，到今天再转变为更为复杂的对经济利益和个人私利的过度关注和顾及的科研工作，甚至发展到极致，从而引发严重的科学造假。种种迹象表明，假如科学家不把自己的合理需求和职业压力放在可控的、合理的范围之内，任由自己的需求和欲望泛滥滋长，那么就不仅会使得他们处于利益冲突之中，而且也会使得他们铤而走险，从而发生科学造假行为，进而失去自己的声望。

---

① J. D. Bernal, *The Social Function of Science*, London : George Routledge & Sons Ltd, 1939, p. 10.

最后，与前两种因素一样，科学家的知识因素随着科学由小科学时代、科学建制化进入大科学时代，而发生了巨大的变化。在科学已经高度分化的今天，科研人员进入科学界需要长久的学习和培训，而在这一过程中，科研新手会受到来自其导师、周围同事或同行的学科传统、研究范式、精神气质和行为方式的影响。在大科学时代的今天，"双栖"科学家如果把注重包括经济利益在内的自身利益这一追求和价值取向传递给这些科研新手，由此形成的偏见就可能会影响其作出正确的科研决策和职责判断，这种影响是很大的，甚至会严重损害科学研究成果的真实性和客观性。①

3. 利益冲突导致科学家使命和任务发生改变

由前面的阐述我们可以得知，科学家角色的转变经历了与科学转变过程相应的三个阶段，由小科学时代简单的科学家或者教师转变为科学建制化后的科学家和社会的人，到大科学时代后转变为科学家和企业顾问、股东、董事等，甚至还是企业老板。所以科学家角色的转变使其变得不那么"单纯"了，已经不再仅仅把自己局限在"象牙塔"之内。在企业资助的比例越来越大的情况下，身兼科学家与企业家这两种角色的科研人员，已经很难将"追求真理"放在至高无上的位置。科学家这时的使命也发生了巨变：不再仅仅为了追求真理，扩展正确无误的知识，还为了得到政府的资助和满足社会的需要，针对当前需要解决的社会疑难问题和迫切问题而开展研究，满足公众的需求，还要承担起这些研究所带来的负面影响和责任。在此后，随着政府对大学与企业间合作的推动，企业资助比例的不断扩大，企业逐渐变为主要和重要的科研赞助者之一。而昂贵的科研想要继续开展需要不断得到企业的资助，于是，此时的科学家的使命又增加了一项：要按照企业的需要来开展课题的研究，并要在企业所规定的时间内给出其想要的科研成果并付诸应用去获利。如果科学家所得出的科研成果符合企业的想法，这一成果就要被要求保密直至专利权转化为丰厚的利润，然后在此基础上再继续进行更多

---

① 文剑英、王蒲生：《科技与社会互动视域下的利益冲突》，知识产权出版社 2013 年版，第 42 页。

获利的科研。科学家为了获得企业资助也就选择了向企业靠拢这一方式来实现自己过度的私利。相反，如果得到的科研成果对企业不利，在为企业保密的同时还要转化这一成果，使其变得有利于企业的形象和声誉的维护，并最终获利，而在此过程中也实现科学家的私利并继续获得企业的资助。

4. 利益冲突影响科学家科研课题的选择

由前面所述可知，大科学时代的今天，科学家的角色随着科学的发展而出现了双重性，这是由其经费来源决定的，并进而直接影响其科研课题的选择。换句话说，在步入大科学时代的今天，科学家的科学研究必须对除自身之外的投资方负责，不管是研究的进度还是研究的深度，不管是研究的成果还是研究的利用，都要听从投资者。一言以蔽之，科学家要想在激烈竞争的科学界获得生存和发展，就必须基于包括社会实际需要在内的投资者的需求来考虑自己研究的选题。①

随着企业逐步代替政府成为资助科学家的重要赞助者和投资者，其以追求利润最大化和尽快产生经济效益为宗旨并没有发生变化，甚至更严重和更迫切了，所以在它们和包括科学家在内的大学或研究机构所形成的资助与被资助的社会契约关系中，它们几乎是不会支持科学家从事基础性的理论研究的，相反，它们会为了实现自己利润最大化的目标和宗旨而更倾向于支持那些应用性强、市场前景看好的短线研究。这种大学—企业联合的科研社会环境深深地左右了科学家进入怎样的研究领域。在选择自己的研究方向和课题时，那种没有短期经济效益和纯理论的研究，会慢慢地淡出科学家的视线，而一些有着广阔市场和利润前景的应用研究，会越来越受到追捧。换句话说，科学家的课题选择发生了从"以兴趣为导向"的纯研究到"以任务为导向"的应用研究的变化，科学家开始把目光聚集于有利可图的领域，开始迎合并围绕企业的指挥棒来选择自己的研究方向。② 一些很有才智的科研新手

---

① 文剑英、王蒲生：《科技与社会互动视域下的利益冲突》，知识产权出版社2013年版，第100页。
② 文剑英、王蒲生：《科技与社会互动视域下的利益冲突》，知识产权出版社2013年版，第59页。

在科学家、老师的示范带领下，也慢慢地把自己研究的兴趣转移到和定位于应用研究了。再加上，由于企业总是对自己亟待解决的问题慷慨解囊，缘于诱惑，科学家常常会主动选择应用研究和企业亟待解决的问题来迎合企业。其结果使得学院科学家不得不在研究成果的商业化应用上面花费大量时间和精力。

所以，科学家们开展科研活动，不是自己资助自己，而是受别人资助；不是自己决定自己研究什么，而是看资助方需要他们研究什么；不是自己决定自己研究产出的结果，而是看资助方需要什么结果。更确切地说，在科学研究领域，科学家受到了来自各个方面的约束和控制。尽管如此，这并不意味着资助方可以任意地或完全地决定科学研究。因为科学研究是一种高度职业化、专门化和高度分化的活动，在资助方和科学共同体之间存在着明显的"信息不对称"。因此妥协成了他们彼此目标达成的重要方式之一。科学家的妥协就会制造造假行为的温床。①

5. 利益冲突导致科学家科学精神的缺失

对于科学精神的研究最初是由默顿开始的，他认为："科学的精神特质是指约束科学家的有情感色彩的价值观和规范的综合体。"② 默顿所指的科学家的精神气质即普遍性、公有性、无私利性和有组织的怀疑性，其实就是对科学规范的又一种表述，即科学家在科研活动中所必须遵守的规范，并通过科学家的内化而形成一种潜移默化但没有作出明文规定的规范，是科学发展的重要保证。

如前所述，科学由小科学时代发展而来，在进入大科学时代后，科学家的角色发生了巨大的变化，在他们过度追求包括经济利益在内的个人私利过程中所作出带有偏见的职业判断和科学决策，是与其科学精神的缺失有很大关系的。众所周知，科研是科学家自由探索未知世界的过程，是在追求真理

---

① D. Guston, *Between Politics and Science: Assuring the Integrity and Productivity of Research*, Cambridge University Press, 2000, p. 17.
② ［美］R. K. 默顿著，鲁旭东、林聚任译：《科学社会学》，商务印书馆 2003 年版，第 363 页。

中实现自我价值的过程。在进入科学建制化时代后，作为谋生的职业——科研是其维持生存的条件，所以，科学家首先是社会人，然后才是科学家。在进入大科学时代以后，科学家变成了企业式的"双栖"科学家，不仅是科学家，更是企业家，面对越来越昂贵的科学研究，他们必须获得持续的资助才得以开展研究，这就使得他们不得不选择应用性强的更是企业感兴趣的科研课题，这就违背了科学自由探索的精神。同时，科学家必须在企业所规定的期限内作出科研成果，这也违背了科学追求真理的精神。而当科研成果不符合企业的预期时，科学家可能被迫按照企业的意思隐瞒真相甚至造假，这是与科学精神的真理性和客观性相违背的。当科学结论符合企业要求时，企业会为了知识产权和专利权而要求科学家保密，这违反了科学家无私利性的精神气质。如此种种，为了获得持续的科研资金甚至是经济利益，科学家作出了违背科学规范、与其精神品质相逆的行为，这都与其角色的转变及其双重性分不开。

（三）利益冲突与科学造假

1. 科研体制内在的利益冲突问题显著

在大科学时代，科学内部存在的利益冲突问题越来越显著，出现的偏见影响了理性科学家的职业判断和科学决策，进而影响整个科学事业的发展。

（1）科学发展进入大科学时代后，科研体制内部存在的条块分割的现象越来越明显，客观上促使其内部利益冲突加剧

在科学活动过程中，随着学科的高度分化，越来越被细化的专业使得科研同行成为准同行，他们分属于不同的科学共同体和专业部门，所以他们及其所属部门要想得到生存和发展，必须适应大科学时代的科研方式。面对昂贵的科研项目和激烈的竞争，他们都会为着各自的利益，持续不断地获取外部资金的资助。面对这种外部资金和资源分配上存在的固有的马太效应，那些科研新手或者一般科研工作者会依靠自己的力量去自行解决其科研经费问题。在面对企业逐步加大科研投资和资助而成为最重要的投资者之一的情势

下，这些研究者会把自己的研究方向转移到企业感兴趣的问题上来以获得其资金的赞助，甚至会放弃原先的基础研究而转向科研成果能快速转化的应用研究上；为了获得持续的资助，科学家必须在企业规定的时间内作出其预期的科研成果，所以在其选择课题到课题的研究过程中，那种预期的成果就已经存在，科学家只是被企业用来再次从科学角度证明这一产品的优越性，从而为企业获得声望和名誉的同时，助其获得最为重要的利润，通过此过程进而实现各部门的经济利益。所以当科研成果不被企业所看好时，科学家就会为了包括自身利益在内的部门利益而修改科研成果甚至是实验数据，使其研究结果偏向企业的期望值，这就使得理性科学家产生了不理性行为；而当科研成果符合企业期望时，为了知识产权或者专利权的获得，这一成果又要被保密，这样就阻碍了科学共同体不同部门之间的自由交流，进而影响科学知识的发展和扩展；等等。由此看来，部门之间的利益冲突影响理性科学家的理性行为。

（2）科研体制内的某些具体制度不合理，规范的制度还有待进一步建立与完善

在科学进入大科学阶段后，科研体制内的某些具体制度的不合理性，甚至严重的滞后性，使得科学家"无法可依"，作出非理性的造假行为。大学和科研机构的传统和氛围发生了巨大的变化，其已经不再是划地为营、故步自封的"象牙塔"了，而成为全球性的"企业式的大学"，开始了其企业式的管理。不仅表现在以金钱和效率等企业式的指标来衡量大学本身、考核研究者及其科研成果，即大学和科学家在"经济上的实现"已经成为对大学综合实力进行衡量和比较的重要指标之一，而最为重要的是，这样的科研环境、大学管理模式和评价体系的变化直接引领并决定着生活于其中的科学家的价值取向和研究行为。所以他们不仅要负责科研问题的选择、资金的获取，还要招募管理实验室研究人员，掌握研究进度，等等。同时，不可忽略的还有科学规范中那些职称与现在的行政级别、工资、待遇等挂钩的规定，以及评审过程中过分注重量化指标、评聘不分等级的情形，必然导致许多研

究者削尖脑袋想办法、钻空子，拼凑、抄袭、剽窃等科学造假行为也就"应运而生"，甚至出现在职称评审过程中出现行贿受贿等丑恶现象。面对这些利益冲突和问题，目前缺乏具有强制力的制度性的规范和规定来约束和协调。

（3）面对科研体制内存在的问题还没有建立相应的协调部门

如前所述，科研体制内条块分割所导致的部门之间各自为政的情形，使得科学家为了所属部门的生存和发展而采取了不理性的行为。没有相应的协调部门来调控，会使得这些不理性的行为更严重，甚至出现科学造假行为。有一个灵活而有力的部门进行宏观调控与监管对于这种利益冲突的解决至关重要。当科学家遇到问题时可以在适当时候根据需要邀请相关部门来协调不同部门之间"不可调和"的利益冲突和矛盾，尽量把冲突减少乃至消除，促进整个科学共同体和谐统一向前发展，促进科学家作出客观公正的判断和决策，促进科学事业的健康发展。

2. 科学活动外部环境影响理性科学家的利益冲突

（1）科学经济功能的凸显，促使政府对大学—企业合作模式的推动，导致大学和企业关系的变化

随着科学进入大科学时代，科学研究已经完成了从行业向职业的转变。经过近一百多年来的发展，科学与应用之间的关系越来越紧密。而最为重要的是其经济功能的凸显使得政府、社会对科学越来越重视，科学这片净土再也不能保持自身的独立性了，它已经成为政府、企业乃至其他社会团体关注的焦点。随着科学的作用越来越突出，尤其是对经济的促进作用促使政府和企业进一步明白科学能够为其带来巨大的经济利益。于是政府和企业都把投资目光转向科学，希望通过对科学进行大规模的投资和利用为其带来巨大的经济利益。而在企业逐步加大对科学资助的比例和成分时，政府对大学—企业之间合作的推动，使得它们之间的关系也发生了微妙的变化。

在当今的大科学阶段，科学的经济功能使得政府和社会越来越重视通过对科学的投入来获得自身的发展，与此同时，作为科学研究主体的大学和作为科

研投资者的企业是当今国家创新体系建设中至关重要的两个创新系统，也是当今社会中举足轻重的两种社会建制。所以政府开始通过制定相关科学技术政策来促成它们之间的合作，并把推动二者之间关系的和谐发展看做国家科学技术工作的重中之重，使得它们从传统上的"泾渭分明"到"一臂之遥"，再到今天的双向互动，大学和企业紧密相连。

在政府推动大学与企业之间合作引起二者关系发生微妙变化的同时，也要看到，企业作为当今科学研究的重要经济赞助者和投资者，已经使得包括科学家在内的大学身份开始呈现向企业靠拢的趋势。它们在某种程度上表现出对企业的严重依赖性，再加上企业过多地介入资金的流向和用途，想方设法对科学活动施加影响，企图实现科学活动中的"资金效益"，这样就严重影响了大学的自主性研究，以致科研内容和研究成果开始令人怀疑。具体表现为：科学家在选择课题时不是根据自己的兴趣在选择，而是更多地选择了企业感兴趣的应用研究，紧紧围绕企业的指挥棒转动；科学家在论文发表时不是按照自己研究的进度，而是根据企业的要求决定发表的时间，其论文的发表（何时发表、如何发表）受企业的支配；科学家在对数据解释和筛选时不是依据无私利性规范，而是带有明显的偏向，受到企业的控制。科学家这种"经济上的实现"使命的转变，加大了理性科学家作出不理性行为的可能性，毫无疑问，长此以往此种做法将危害科学事业的可信性。

（2）企业对科学活动的影响，使得科学活动具有两重性或双重性

如前所述，大科学时代科学的经济功能使得政府在加大对科学投入的同时，还不断推动大学—企业之间的合作，由此使大学与企业之间关系发生微妙的变化。同时，我们还要看到企业逐步成为科研活动最为重要的赞助者和投资者之一，对科学活动所带来的影响和所造成的利益冲突，使得科学活动具有了两重性，这在一定程度上影响了作为科学活动主体的科学家的职业判断和科学决策，进而影响其作出理性行为，对整个科学事业造成危害。

众所周知，科学是探索未知世界的，通过其对自然规律知识的认识、研究和应用，来为人类服务。所以单从这一点来说，科学活动服从于真理性，

与人的利益无关，具有学术性。但是随着科学建制化时代的到来，以及科学作为一种谋生的职业出现在社会系统之中，科学家首先是作为社会人而存在于社会中，然后才以科学家的身份从事科研活动，他们也有着普通人的弱点和缺陷。尤其是进入大科学时代以后，昂贵的科研经费使得科学家需要获得政府、企业以及其他一些机构组织的资助才能开展科学研究，科学活动逐渐与其自身利益密切相连，所以在这一过程中，科学活动具有了利益性。由此不难看出，科学活动随着科学发展的阶段不同而具有了两重性，即作为本质属性的学术性和非本质属性的利益性，而且这种科学活动两重性的表现是随处可见的。一方面学术性包括提出问题、设计实验、获得成果、通过鉴定、成功应用等，只关心研究的内容；另一方面利益性包括研究过程的资金来源、人事关系、设备共用、给有成果者以物质和精神奖励等，关心的是研究者。

　　与此同时，作为科学活动投资方的企业对科学活动的影响还有很多，如对科学家的科研活动发号施令，对科学活动的课题选择、数据解释和成果发表进行控制，甚至出现对科学活动赤裸裸的控制。在科学活动的课题选择方面，由于受到企业兴趣和包括经费在内的利益因素的诱惑和影响，一些科学家会主动偏向于有商业或实用价值的研究和短期研究，而这种明显偏离大学自由传统的课题选择必然会将公共科学转变为"为了私人利益的科学"，即这些企业只会选择那些看起来有利可图的课题，而绝不会选择那些治疗和改善贫困国家和地区人们疾病的课题。这就是日常生活中人们所说的"谁出钱，谁点戏"的道理。① 在科学活动的数据解释和得出结论方面，整个实验的设计可由企业自己来完成，研究计划曾因受到企业资助而被作了修改，科学家不能独立分析数据得出结论，而是将这些数据交给企业，由企业对这些数据进行分析和解释，只发表那些对资助者产品有利的研究成果，而最终研究成果出来之后写成的论文是以这些科学家为第一作者在一流期刊上投稿发

---

① 文剑英、王蒲生：《科技与社会互动视域下的利益冲突》，知识产权出版社 2013 年版，第108 页。

表。在发表控制方面，资助企业要求对研究成果保密，被推迟发表是常有的事情，虽然商业保密等事项是其正当的理由，但是专利申请、保护其研究的领先地位、防止不利的研究成果的扩散以及为申请专利赢得时间或者是为了解决知识产权所有权等等才是其真正的目的。再加上借助科学家之名发表有利于企业的研究成果的"枪手"的存在，使得这些暗箱操作的内幕更是令人毛骨悚然。

（3）科学活动投资主体的变化，加剧了利益冲突，影响了科学家的理性行为

科学研究从小科学时代的零零星星、各自为政状态，转变为科学建制化的集体化和体制化的状态，再到大科学时代的多功能状态，使得科学不再是科学家单纯的研究活动了，而是逐步需要外界的投资和赞助才能得以开展和完成。进入大科学时代，随着科研规模不断扩大，科研成果应用于实际的时间的缩短，以及基础科学与应用科学之间界限的日趋模糊，科学开始显示出自己的社会功能，在解决社会迫切问题上真正显示出知识的力量，开始走在技术的前面并引领着技术的进步。随着科学的社会功能和经济功能的日益强大，显现出很大的实际用途和社会价值，人们也逐渐认识到科学家身上蕴含着巨大的能量，使得科学逐步被认为是一种可能带来巨大经济效益的投资对象。于是由政府代表社会给予科学活动的资助开始了，并且随着科学事业对于社会的贡献日益增加而逐步加大对其支持的力度，希望通过科学与社会的频繁互动和合作使得科学为社会解决更多的实际问题并创造更多的价值。

后来随着政府对大学—企业之间合作的推进，学校和企业这两个不同领域之间的一面墙被打破了，它们之间开始了彼此的合作和互动，即以获得利润为目的的企业与以科学研究为主要任务的大学之间的关系要比以前密切很多，并有日渐增强之趋势。而这一趋势对于二者都有好处，一方面可以使得学校获得足够的开展科研的资金，另一方面企业可以获得人才——科学家来开展其所感兴趣和能获得利润的研究，进而开拓市场获得更多利润，得到进一步的发展。与此同时，我们也要看到企业在逐步加大对科学的资助而成为

科学活动的主要投资者时，对科学活动的影响和控制，这不仅表现在研究课题方面，使小科学时代那种凭借自己的兴趣来开展自由研究，转变为大科学时代以明确的以课题为指导、以合作项目来开展、"以任务为导向"的定向研究，而且这些明确的生产任务还需要接受企业的检验，并且需要将这些科学研究成果迅速转化甚至市场化，以获得高额利润。

所以，大学和研究机构在科学研究过程中抛弃了自主研究的传统，而根据企业的需要来决定所研究的课题；根据所产生的直接经济效益来选择课题中的研究内容；根据申请专利的要求来选择科研成果公布的时间；等等。如此种种附加条件使得科学家们的科研带有强烈的包括经济利益在内的功利性，再加上科学研究的艰苦性和长期性，都使得其可能作出不理性的行为。由此可见，科学活动投资主体的变化对理性科学家作出造假行为有着客观的推动作用。

（4）竞争的加剧，使得科学研究的利益驱动性——商业化趋势越来越明显，这种经济利益所引起的冲突影响理性科学家的理性行为[1]

竞争。小科学时代，科学家为了争夺优先权竞争；到科学建制化时代，科学作为社会的一个子系统、科学家谋生职业的一种，越来越快速的科学发展与越来越壮大的科研队伍以及有限的科研资金和资源，使得科学家为了生存和发展而开展竞争；再到后来的大科学时代，政府、企业开始成为科研持续顺利开展的支持者和赞助者，面对昂贵的科研、数量庞大的研究者和有限的资金资源，科学活动的竞争更加激烈。这就容易导致科学研究商业化的利益驱动性越来越显著，科学家会因科学活动中的经济利益而产生更多的利益冲突，进而影响其科研行为。

利益驱动。利益驱动是一个中性词汇，包括经济利益驱动和非经济利益驱动。如前所述，科学的发展不管处于什么发展阶段都离不开利益驱动。如小科学时代，科学活动的开展是与争夺个人优先权的非经济利益驱动联系在

---

[1]　魏屹东：《科学活动中的利益冲突及其控制》，科学出版社 2006 年版，第 198 页。

一起的。而在科学建制化时代，科学活动的开展是与个人的经济利益和非经济利益密切相关的。此时的科学家不仅要通过科研获得承认，获得相应的名誉和声望，实现自我价值，与此同时，为了谋生科学家要依赖其生存和发展，所以科学家正常的个人利益也就相应地出现了，其对个人私利的追求也属于社会人正常的行为举止。到后来进入大科学时代，大学与企业关系日益密切，使得科学研究与经济利益紧密结合，并深刻影响、明显支配着科学活动。一方面表现在科学家常常因企业给予的包括名望、地位、金钱、权利等种种利益的巨大诱惑而心动。如科学家们可能会出席他们并没有参与研究的产品的新闻发布会，于是其声望和权威通过企业的慷慨招待而变相地被企业所利用；另一方面随着科研成果应用性的逐渐增强，科学家以自己的发现、发明创立公司的做法蔚然成风，高科技企业如雨后春笋般萌发，科学家把自己的利益和公司的利益紧紧连在一起，而他们的科研活动直接受自己公司前途的影响。由此可见，不管是受到非经济利益还是经济利益的影响，科学研究的利益驱动始终是存在的，并且越来越深刻地受到经济利益的影响和支配，进而影响理性科学家作出非理性的行为。[①]

商业性。我们还要看到科学活动在越来越趋向经济利益时所表现出来的商业性的特点。具体表现为：首先，在科学研究方向的选择上，如果过分直接地从企业得到资助或其他经济利益，会影响科学的自主性。其次，在科研成果的应用方面，有可能对科学系统的健康运行机制产生影响。如那些为了把握商机、达到轰动效应，而在科学研究的客观性得不到充分保证时，科学家就将其公开和公布，或者科学家的科研成果没有经过学术期刊或学术会议同行评议的反复锤炼，而是片面追求科研成果的实用性和赢利性，从而借助媒体的宣传炒作得以成功公布于众。再加上公众对其过度信任，他们就真的有恃无恐了。更为极端的是，有的专家为伪科学摇旗呐喊、推波助澜，有的科学家为所谓的"超人""特异功能"捧场，有的教授涉足商业领域做"代

---

① 魏屹东：《科学活动中的利益冲突及其控制》，科学出版社 2006 年版，第 197 页。

言人"。因此，在个人利益干扰下得到的研究成果将是对公众的欺骗和误导。①

还有一个问题，科学家使用助手来协助其完成委托的任务，这样可能会忽视对他们的创造能力和创新精神的培养，以任务、项目为对象的学习研究方法替代了科学的研究方法，这虽然会使得他们获得短期效益，但最终会使他们缺乏创造性，失去对重大发现的追求精神。

二、利益冲突在科学活动过程中的表现

如前所述，科学在经历了小科学时代、科学建制化时代后，步入了大科学时代的发展阶段。与之相适应，其科学活动也逐渐由个人的兴趣爱好转变为一种谋生的职业，进而转化为通过合作等方式、依靠外界的资助来开展昂贵的科研活动。所以在不同的阶段，其活动过程（如在实验过程、合作过程、科研成果的评审过程、科研成果的发表过程、科研成果的奖励过程、获得社会认可过程）中存在的利益冲突都不相同，并且随着科学家角色的转变加上科学活动本身的双重性而变得复杂和多样。科学家只有认清科学活动中的利益冲突，才能避免由其带来的偏见而影响其在职业判断和科学决策中的行为，从而坚持科学的客观性和公正性，推动科学事业健康发展。

（一）科学实验过程中的利益冲突

在科学界，科学活动是一个从无知到获得确定知识的探索性过程。可以首先借助实验这一手段和方法，通过对想要探索的世界进行事先安排，把其放到一个经过严密控制的实验室内进行观察，在得出结论后运用于自然界，然后再对这些附加的条件随意改变，得出更多关于未来世界的知识。所以说作为科学家开展其课题研究起点的科学实验，是科学活动的重要组成部分，

---

① 魏屹东：《科学活动中的利益冲突及其控制》，科学出版社 2006 年版，第 194 页。

对科学具有重要的意义。针对科学发展的不同阶段，不同时期的科学实验过程其实验的设计、实验对象的选择、实验数据的获得与分析以及实验结果的发表等环节中存在的利益冲突是不同的。

科学是由小科学时代发展而来的，那时的科学家是根据自己的兴趣爱好来开展科学研究的，是追求科学的客观性和公正性的，以扩展正确无误的知识为己任，探索自己感兴趣的未知世界。那时的科学实验是简单廉价的纯科学研究，是"价值无涉"[①] 的，科学家只是希望通过自己感兴趣的实验的开展，取得自己所期望的实验结果并有所科学发现，然后实现自我价值，获得优先权的同时获得声望和名誉，这对他们来说是最为重要的。所以那时的科学实验从实验的设计到实验对象的选择，从实验数据的获取、解释和分析处理到实验结果的取得和发表都是按照自己的个人意愿和兴趣来开展的，不存在严重的利益冲突。但是我们也要看到，不存在严重的利益冲突不代表没有利益冲突，换句话说，那时的科学家因太想被认可或者成功，可能会对最初的实验结果的某种期望值太高或者说对所渴望的研究成果的实现动机太强烈，而当适当的控制起不到制约和约束作用时，他们可能会因此而作出带有倾向性或者偏见的职业判断和科学决策，即"期望偏见"，如任意篡改、删减实验数据或者完全改动实验结果等造假行为。[②] 由此可见，这时的利益冲突是科学家的个人利益和科学真理之间的冲突。而这对科学是危险的，影响其健康发展。

当科学经历小科学时代，逐渐进入科学建制化时代后，科学以一种新的面貌展现于世人面前，即科学开始作为科学家的一种谋生职业而存在，还成为社会大系统中的一个子系统，开始逐步对社会发挥自身的作用。所以这时的科学家首先是作为社会人存在，然后才是以科学家的身份依靠科学这一职业来谋得生存和发展的。科学家在开展科研的过程中，在他的科学实验过程中，他的课题选择逐步转向了应用性强的、能维持自己生存和发展的方向，

---

① 魏屹东：《科学活动中的利益冲突及其控制》，科学出版社 2006 年版，第 9 页。
② 魏屹东：《科学活动中的利益冲突及其控制》，科学出版社 2006 年版，第 24 页。

在实验对象的选择和数据的获取、解释和处理分析过程中开始逐步受到经济利益因素的影响，并有扩大之势。但是由于受到科学规范和科学精神等因素影响，其对经济利益的追求与大科学时代的科学实验过程相比较还是处于初级阶段的。在科研成果的发布阶段，科学家可能会受到包括获得个人名利的非经济利益因素和过度追求个人私利的经济因素的影响而产生偏见，作出不理性的行为，甚至是造假行为，来实现自己的目的，甚至还出现了个人利益与公共利益冲突的端倪。

进入大科学发展阶段后，科学社会功能的凸显使得政府加大了对科学的投资，期望通过不断为科学提供充足的人力、物力和财力支持，鼓励科学家不断把探索到的新知识用于解决社会急需的生产和生活问题。而随着科学的快速发展，科学研究变得越来越昂贵，政府开始通过推动大学—企业之间的合作来满足科学日益增长的科研经费的需求，而企业随着科技转化为现实生产力和财富利润的速度的加快，逐步成为科学活动最为重要的投资者之一。而这一变化导致了科学活动和科学家角色的变化，体现在科学家的科学实验过程中就是，科学家开始以企业需求为中心开展"以任务为导向"的研究，甚至还出现了企业完全控制实验的设计和实验对象的选择等现象。在实验过程中数据的选择和分析是奔着实现企业期望结果而去的，所以为了经济利益，有偏见甚至是造假的选择和分析就出现了，更有甚者出现了企业独自分析数据的现象。在实验结果的公布和发表问题上，企业也完全占有话语权，即当实验结果不符合企业预期时，企业会秘而不发，甚至出现让科学家改变实验结果，发表有利于企业声誉和形象的结果，进而获利，名利双收。而当所得实验结果与企业预期一致时，企业会因专利权或知识产权的问题而对此结果保密，以获得更多的利润。而科学家之所以会对企业这样"唯命是从"，是因为，当今科学家人数激增、科研资源和资金有限，科学家之间的竞争愈来愈激烈，企业却是其开展科研的最重要的资助者，为了获得个人的经济利益，科学家不得不这样做。与此同时，科学家各种独特的身份，如充当公司咨询顾问、专家证人或接受其所持有的股票公司的经费赞助等，都使得科学实验过程中的利益冲突越来越复杂了，而且与经济利益挂钩，并成为主要的利益冲突。这样，科学家因过分顾及自己的经济利益，而在实验过程中产生偏见甚至作出造假行为就不足为奇了。

（二）科研合作中的利益冲突

合作作为科学活动开展的重要方式是出现在科学建制化以后，尤其在科学进入大科学发展阶段后，合作更是以各种各样的形式出现在科学活动之中，如个人之间的合作、组织之间的合作、大学与政府之间的合作以及大学与企业之间的合作等。所以当我们看到科学活动中普遍存在的合作方式对科学发展带来推动作用的同时，我们也要看到其本身也存在着严峻的利益冲突问题，尤其是当大学—企业的合作越来越普及，成为一种习以为常的现象时，我们更要认清其背后的利益冲突问题，使得科学家在合作中引起注意，减少偏见产生甚至是科学造假行为的发生，降低对科学发展带来的危害。下面我们主要分析大科学时代大学和企业合作中所存在的利益冲突问题。

1. 大学和企业之间的利益冲突

科学步入大科学发展阶段，政府一系列科学技术政策的颁布，推动着大学和企业之间的合作，但是二者在文化上固有的差异造成它们在合作初期就出现利益冲突。众所周知，企业的最终目的就是获利，所以其比较注重应用于开发研究等生产中的实际问题，而大学作为教书育人和科研的机构，它们的兴趣爱好与企业有很大的不同，它们注重基础理论问题的研究，这就导致了它们在合作课题的兴趣和步调上的不一致。

2. 科研合作中利益冲突的特殊性

大科学时代，政府对大学—企业合作的推动使得彼此之间存在着一种偏见。在企业看来，它眼中的大学是科学的殿堂，是探索未知和追求真理的，是"价值无涉"的。企业以追求商业利益为目的的行为会污染大学的清高与纯洁。殊不知大学作为科学研究的重要基地在应用研究中也发挥着重要的作用，而且今天的大学面临昂贵的科学研究时，意识到了专利价值的作用，大学已经将企业看作它的专利产业化的合作伙伴了。此外，对于知识产权，大学已经变限制为保护了，尽量通过与企业的合作来实现工业化和商业化。所以当企业没有意识到大学的这些变化时，彼此之间的隔阂也必然会导致其在与大学合作时产生误解，影响合作的效果。同时，大学也对企业有着很多的偏见，它认为企业是以追求利润为目的的，看重的只是发现与发明的金钱价值，而不是其他，这种金钱价值的实现和获得只能依靠大学的专利和专门知识，所以企业将大学仅仅看成是财源，是为了获得更高利润而对其进行投入的投资者。今天的企业也可以与政府部门的科研机构进行合作或者自己搞开发研究。同时企业认识到，在信息社会，与专利和专门知识同样重要的信息在科研与开发新产品中的作用。所以，大学如果以它自己的偏见来看待企业进而与之开展合作的话，只会导致它们之间低效合作，进而阻碍科学事业的健康发展。这就是企业利益和大学利益之间的冲突。

3. 合作取得研究成果时的利益冲突

大科学时代，合作方式的选择和采用是为了获得预期的科研成果。大学和企业在合作后取得科研成果的同时，也存在着利益冲突问题。一是涉及合作科研成果的所属权问题，二是关于科研成果的保密权问题，三是关于科研成果转化为现实生产力后的利润分配问题。

在合作研究成果的所属权和保密权问题中，主要是关于对科研成果的优先权和公开发表的话语权问题。而对于这一问题，大学和企业有着不同的看法。在大学中，争夺研究成果的做法是争夺优先权，科研人员从而可以获得更多的认可和承认以及由此带来的名誉和声望，进而进入科学界的顶端，成为科学权威后享受马太效应带来的一切，最后获得更好的发展。而作为以获得利润为目的的企业，其对待研究成果的做法却截然相反，它希望通过利用科研成果获利，优先权对它尤为重要，所以延期发表研究成果或者保密的措施是其首选。通过对科研成果的独占，实现其在激烈的市场竞争中获得更多利润的目的，最终居于优势地位。由此看来，大学和企业之间的利益冲突是科学规范与企业利益之间的冲突，处理不当会影响合作的再次开展，进而影响科学的发展。

在科研成果转化为现实生产力后，不管是关于专利或知识产权的转让还是关于相关产品的市场化，大学和企业关于利润分配的问题还会存在冲突，甚至可以看成是重要的利益冲突。大学希望利用科研产品销售转化而来的利润而作为继续投资此产品或相关项目的资金，进而得到更多的知识化的产品。而企业从其获利的目的出发而期望这些利润转向更能获利的其他不相关的行业和方向，不管他们是否具有这方面的知识和技能，金钱对其来说是最为主要的，选择有较好商业前景的课题而无视或忽视其可能带来的负面作用和风险问题。

4. 科研成果处理中的利益冲突

众所周知，对昂贵科研的支持首先是从政府开始的，然后政府开始推动大学与企业之间的合作来使得大学的科研得到企业的资助，所以政府和企业对大学科研的支持是科研活动正常顺利开展的必要条件，是科学进步和发展的重要保证。我们也要看到，有时会出现三者共同合作的科研项目，课题项目的资金来自政府和企业的双重支撑，这对大学来说是有好处的，使得其具备充足的资金来进行研究，但是这也给科学家对科研成果的追求带来了难以解决的利益冲突。如当政府和企业同时对同一科研项目进行资助时，二者的出发点是不同的。对政府来说，它对项目做了严格的限制，希望这一项目的成果能对基础研究特别是对科学知识的追求和扩展有所贡献，而且对当前的社会问题和可能出现的负面影响都能有所作为。而企业作为一个营利性机构，任何行为都是从其最根本的目的出发的，它期望对科研的投入能给其带来更多的利润，想把成果商业化和产品化，而不顾其所带来的负面影响和公共风险等。所以在这里，科学家在面对科研成果的用途时会产生矛盾和纠结，这样的利益冲突会使得科学家作出带有分歧的判断甚至是分帮结派的科学决策，从而会影响科学的发展速度。

（三）科研成果发表中的利益冲突

在前面我们简单介绍了合作中的科研成果在公布、发表中的利益冲突，在这里我们将详细阐述在小科学时代、科学建制化时代以及大科学时代的今天科研成果公布、发表时存在的利益冲突。

在小科学时代，科学研究的开展是由科学家的兴趣爱好所决定的，所以其科研成果的公布与发表本身不带有任何利益冲突。但是由于科学发现的多重性，争夺科学发现的优先权使得科学家都想优先公布自己的科学发现，尽快公开和分享可以使其尽早接受科学同行重复实验的检验，获得同行的承认并获得声誉和名望。所以那时的科研成果发表中的利益冲突就是科学家之间为了争夺科学发现优先权而获得个人承认和声望的冲突。

在进入科学建制化阶段后，科学作为科学家谋生的职业出现在社会之中，科学家首先要在社会中获得生存才能够得到发展，所以那时的科学家进行科研的目的不再仅仅是扩展正确无误的科学知识了，也不再仅仅是获得个人的名誉了，而是加入了个人的经济因素在内。所以当科学家在作出科学发现并将之公布时，考虑到优先权问题，会尽量尽快公布，有时在因得知他人也正在从事此项研究时，有的科学家会采取通过媒体或其他媒介提前公布，有时为了经济利益问题而公布一半科研成果，这样做不仅为了获得优先权，而且为了获得个人的经济利益。当然，这时的科研具有了解决社会问题的能力和功能，这一点不可否认，但是我们也要看到一些科学家为了个人经济利益而作出有损公众利益的科研成果。由此可以看出，这时的科研成果在公布时存在的矛盾冲突逐渐变得复杂了，逐渐涉及由经济利益引发的个人利益和公众利益之间的冲突。

大科学时代的今天，昂贵的科学研究需要政府特别是企业的资助，所以这时的科学家角色发生了变化，科学活动也具有了双重性。在竞争激烈的科学活动中，面临越来越庞大的科学家群体、越来越有限的科学资金和科学资源、越来越昂贵的科学研究，为了能在经费争夺战中占据有利地位或者申请专利的需要，科学家们在科研成果的公布和发表时不得不接受其主要的投资者——企业的任意摆布，接受来自企业对科研成果处理的任何要求。当取得与预期结果相一致的科研成果时，为了企业的商业性要求，在这一科研成果获得知识产权前必须为其保密，闭口不谈这一结果，甚至在同行间不能交流。企业通过保密来独占科研成果的优先权和话语权，并在这一成果产品化后获得巨额利润。有结果显示：接受企业界资助及大学科学研究的商业化，与延迟发表有很高的关联性。赞助公司多数要求其所赞助的学术研究成果须为申请专利保密一段时间（2—3 个月乃至更长时间）。而当接受企业赞助的研究者或者受雇于企业的科学家作出不利于其企业的研究成果后，科学家在公开发表科研成果时往往会面临很大的阻力，他们被要求延期公布甚至被要求修改研究成果，作出忽视企业产品负面影响和具有社会风险而有利于企业形象的科研成果。[①] 由此可见，科学家在科学规范和企业利益的冲突中往往作出倾向于企业利益的判断和成果，导致科学规范与企业商业运作的不同价值取向而产生的研究成果公开与保密的冲突日益突出。

（四）科学评审过程中的利益冲突

在科学活动过程中，科学评审分为科学共同体内部评审（也称之为同行评议）和科学外部评审（也称之为社会评审或大众评审），它们都是对科学知识的正确与否进行客观公正性的评价。也正是通过这一过程，科学家才能对其所作出的包括科学发现在内的科研成果的对错进行相应的检验，通过重复实验或者给公众带来福利等方式来证明，然后给予承认，进而给予名誉和地位等。所以科学评审对科学活动是至关重要的，对科学知识的发展发挥着"把关人"的作用。与此同时，我们也要看到科学评审过程中存在的利益冲突，这些利益冲突不管对科研新手还是对科学创新的评判都会产生不必要的偏见，所以对其加以认真分析可以减少其对科学发展产生的不利影响。

1. 从内部评审来看

在科学界，科学活动的开展主要是以同行评议为主要的评审方法，而这

---

① Florida Richard, "The Role of the University: Leveraging Talent, Not Technology", *Issues in Science and Technology*, 1999 (6).

一方法在科学活动中有着极其重要的作用，发挥着极其重要的功能，但是这一评审内部存在的利益冲突也使得这一方法的弊端暴露无遗。我们将从小科学时代、科学建制化时代以及大科学时代三个阶段来分析这一评审内部的利益冲突由简单到复杂的变化过程。

在小科学时代，同行评议制度还没有建立，那时的这一制度以另一种形式存在着，即通过科学权威对包括科研新手在内的科学家的科学发现进行判断。但是，在历史上科学权威对科研新手的压制和打击不在少数，而那时的科学权威作出这样的行为，就是为了维护其科学权威的地位，为了在同行的竞争中获胜，有时会不择手段地去压制新的科学发现。而这对科学发展会造成不可弥补的危害。由此说明科学权威与科研新手之间的利益冲突很早就有，一直持续到现在。"同行是冤家"，他们通过其权威地位压制甚至是通过造假行为来抵制和封杀科研新手的行为不足为怪。与此同时，我们也看到，科学依旧是向前发展的，新的发明最终会战胜旧的思想而获得成功。如此种种的利益冲突其实质很简单，就是为了名誉和声望的科学权威和科研新手之间的利益冲突。

在经历科学建制化的发展阶段进入大科学时代后，科学成了科学家赖以谋生的职业，所以他们从事科学活动的动机不单纯了，首先是要作为社会人满足其生存的需要，然后才能以科学家的身份从事科学研究。所以这时科学家自身的经济利益因素开始在科学活动中萌发，并在进入大科学的发展阶段后逐步占有主要地位，开始成为重要的利益冲突而存在。在这两个阶段的科学评审中存在的利益冲突就开始变得复杂了。不仅有评审者与被评审者之间的冲突，如原创论文的作者与评审之间的利益冲突，还有评审者之间存在的利益冲突，如评审者针对某一问题的认识而发表言论所导致的评审们之间比较隐蔽的利益冲突，等等。根据科学同行评议活动过程中利益冲突所包含的内容，如评审者对被评审人所申请的课题和项目的评审、对其科研成果和所发表论文的评判等，可以将这些利益冲突在评审过程中的具体表现归纳为以下几个方面。

（1）评审人与被评审人之间存在的经济上的利益冲突

因同行评审专家与所评审的项目、个人和单位之间存在的直接或间接的纯粹经济利益关系，而导致其在评审过程中作出"对人不对事"的偏向，这就意味着他们不能公平公正地对所有参评项目作出判断，以至于把那些优秀的科研项目拒之于门外，进而影响科学的发展。此外，编辑作为杂志中的论文发表与否的最终决定人，也可能会因与其有经济利益关系，如编辑在处理稿件后会获得相应的经济利益等，或者编辑因自身的经济利益或期刊的经济利益而延迟发表稿件，都会影响编辑作出客观公正的职责判断和科学决策，进而影响期刊的质量和信誉。由此可见，经济利益冲突的存在会影响包括编辑在内的评审人，而且可能发生在评审过程的任何阶段。这种经济利益上的冲突会影响评审的行为，使其产生偏见，进而影响整个科学事业的发展。

（2）评审人与被评审人之间除了纯经济利益之外，还存在着各种非经济利益冲突

因各种裙带关系，如朋友、同事、上下级、师生等关系而引起的纯粹的非经济利益冲突。这种复杂的人情关系会影响到评审人对评议内容作出客观公正的判断，而倾向于与其有人情关系的那些被评审者的课题或论文。这不仅违背了默顿所说的普遍性原则，而且这种以亲情、友情关系左右其专业判断还会影响探索真理、科学目标的实现。具体表现为，当评审人与被评审人是同事关系，或者是在项目上的合作伙伴关系，或者是师生关系时，都会影响评审人对稿件或者项目、课题作出客观公正的判断和评价。同时，我们还要看到评审人与被评审人之间或因私人的感情问题或因学术观点不同而可能存在着私人恩怨，引起私人利益冲突，这样可能会导致评审人作出带有偏见的判断，甚至是直接拒绝作出科学决策。

（3）评审人与被评审人之间存在着竞争的关系，导致二者之间存在竞争的利益冲突

具体表现为，当评审人正在评审的科研项目或者稿件是其正在研究的内

容，或者与其正在申请的课题内容具有相似性，这时评审人可能会为避免自己在激烈的竞争中失败而试图延迟通过该课题或者该稿件，直至自己的课题或稿件被接受，或者直接拒绝该课题或该稿件来减少竞争对手，增加自己获得成功的机会。由此可见，竞争的利益冲突使得评审人会作出不利于被评审人的偏见判断和不公正的评审。此外，我们不能忽视评审过程中存在的"自己评审自己"的现象出现，所谓的既当"运动员"又当"裁判员"的现象。① 这样的评审会降低稿件的准确性和有效性，影响科学的健康发展。

（4）评审人因自己的学术观点、伦理倾向和文化心理因素而与被评审人所研究内容产生的良心冲突

如对于人类胚胎干细胞或者核试验等问题研究，如果被评审人的研究成果与评审人的学术观点和伦理倾向不同甚至相反，那么不管被评审人的观点正确与否，都不会得到肯定的态度。或者当评审人对存有争议的研究课题或论文因其文化心理因素而具有某种强烈的感情时，也可能使其作出带有偏见的评审，而不是依据稿件或课题本身的价值大小来判断。由此可见，评审人也是普通人，有着自己的信仰和追求，他并不能时刻都以宽容的态度对待不符合自己信仰和倾向的研究，所以出现这种带有偏见的评审也是情理之中的事情。

2. 从外部评审来看

这简单来说就是科学家与公众之间的利益冲突。科学家认为科学研究是自由的，科研评审也是科学界内部的事情，但随着科学发展的越来越深入，公众是不可能理解高深的科学的，所以科研成果对公众来说只有接受的义务，作为外行的公众是没有权利去评审科研成果的。而公众却认为科学家的科研成果越来越与大众生活密切相关，对其评审就应相应地带有社会效益因素，即在带给他们便捷生活的同时也要负责这一产品所带来的负面影响。同时，随着大学与企业的合作越来越普遍，公众对其信任度逐渐降低，认为他

---

① 魏屹东：《科学活动中的利益冲突及其控制》，科学出版社 2006 年版，第 191 页。

们都是为了获利而作出科研成果，不具有科学的客观公正性。如此种种评审中的利益冲突越来越多，越来越复杂，需要我们正确对待，否则会给科学带来巨大的危害。

（五）科学奖励中的利益冲突

众所周知，科学奖励制度作为默顿科学社会学研究的重要内容之一，在科学活动中具有重要的作用。它不仅对科学家作出的成果和贡献给予承认和认可，而且是其继续开展科研奉献自己力量的动力和保证，所以科学奖励对科学家来说尤为重要。但是我们也要看到科学奖励中存在的利益冲突，正确看待这一问题可以使得这一制度的功能正常发挥，并同时减少利益冲突给科学家所带来的不公正的伤害。

在小科学时代，科学奖励制度是不存在的，奖励的方式却以获得科学共同体的承认和认可的方式存在着。那时的科学家以自己的兴趣爱好作为科学研究的动力，他们是想通过作出科学发现来获得同行的认可和承认，所以说那时的科学奖励是不存在根本性的利益冲突的，而只是存在简单的单纯的争夺科学发现优先权这一科学家之间的利益冲突。

进入科学建制化时代，科学奖励制度开始建立并逐步完善，在带给科学家应有的承认和认可、名誉和地位的同时，奖励的内容也发生了变化，经济利益因素开始在奖励中出现，随之奖励制度中出现了不公正不公平的现象，也出现了"挂羊头卖狗肉"的现象。随着科学进入大科学时代，奖励的标准也发生了变化，奖励的内容掺杂了太多利益因素在内，这些利益冲突都会使得科学家的科研活动不能正常顺利地开展，进而影响整个科学事业的发展。

1. 科学奖励制度的"马太效应"导致利益冲突

众所周知，科学界的"马太效应"普遍存在，在给科学的发展带来好处的同时，我们也要看到其在科学奖励中所引起的利益冲突。一种表现就是学生利益的导师化。在大科学时代，由于大学与企业的合作，大学的科研课题越来越多，导师对研究生的培养也就相应地包含了指导研究生参与导师的科研课题，而且这越来越成为一种常态。从学生的角度来讲，参与科研课题对其动手能力的培养和实践操作的锻炼是有益的，可以让其在毕业后更快适应工作，对研究课题流程的熟悉还可以帮助其以后自己申请课题，等等。但是我们也要看到当前这一现象存在的问题和矛盾冲突。如学生只是导师的廉价打工者，正如美国一位教授坦言，没有比我们的研究生更廉价、更有技术的劳动力了。① 导师表面上是让学生参与课题锻炼其能力，实际上是利用其做实验、做调研来获得自己的经济利益，而使得学生自己的利益遭受损失。微木曾在《请关注科技界的"包工头"现象》中指出，当今的科学界也存在"包工头"和"打工仔"的现象，而且越来越严重。② "包工头"是项目的申请者和经费的掌握者，项目虽是以"包工头"的名义申请的，但是真正做研究的却是学生或者职称较低的研究者们，他们因参与而成为真正的课题研究者，那些"包工头"因项目太多或者精力有限而无暇顾及，"那些浪迹于企业圈的一些高级研究员，曾经向我抱怨说，他们本人几乎没有时间进行研究了，因为他们大量的精力都被用在寻找新的外部经费来源上面了"。③但是项目结题以后，最终的功劳还是属于"包工头"，而不管其是否真正参与到课题的研究和开发之中。在课题经费方面，除了真正用于项目的研究和开发之外，剩下的大部分都归导师所有，学生只能得到很少的一部分"劳务费"。如此种种的经济利益和非经济利益冲突都是由于马太效应所导致的。此外，跳出学生—导师这一关系，我们还发现，由于马太效应的存在，那些资深或者有权威的研究者因其头衔、名誉和声望，可以比年轻的研究者更容易获得认可和承认甚至是更多额外的经济利益。所以当年轻研究者作出科研成果甚至是科学发现，想借科学权威之名得以发表时，这一新发现的优先权就理所当然地被科学权威抢走，而不管这一有价值的成果的真正创造者是谁。这一种不公平现象正如默顿指出的那样："科学家的知名度越高，获得

---

① D. Best Forging，"A New Relationship"，*Prepared Foods*，1987（156）.
② 微木：《请关注科技界的"包工头"现象》，《科学对社会的影响》2003 年第 1 期。
③ D. Stein，etc.，*Buying in or Selling out? The Commercialization of the American Research University*，New Brunswick，New Jersey and London：Rutgers University Press，2004，p. 2.

的承认就越多。"①

2. 科学奖励制度的规定与实际操作不一致导致利益冲突

这具体表现为，在大学里，教师承担教学和科研的双重任务，所以与那些科研机构相比，他们的奖励制度应该与教学相挂钩。我们也可以看到大学的奖励制度中确实存在对教学的考核与科研的考核一样重要的规定，但是在实际操作和实行过程中，不仅存在教师因科研成绩所受到的奖励比教学工作的机会多很多，而且所得到的奖励内容也丰富多彩，包括非经济利益在内的承认、认可、名誉和声望，最为重要的是这些非经济利益给他们带来的经济利益，不仅包括科学资源的分配，还包括此后的晋升、工资，甚至是住房等福利待遇。这就存在注重其职业职责——教学的教师与注重科研的教师之间的利益冲突，使得他们在科研和教学的时间和精力分配上无所适从，不知道应该是以教书育人作为首要职责还是应该以科研作为首要任务。② 所以在当今的科学奖励制度中，当同事或者同行因科研成果而获得了更多的承认和取得了更多的经济利益时，注重教学和注重科研的教师之间的利益冲突就越来越严重。

3. 科学奖励制度的评审标准导致利益冲突

在当今的大科学时代，科学研究因企业的巨额投资而变得越来越趋向于能快速商业化和成果化的应用研究，作为实际的科研成果与企业的预期不一致是常有的事情，所以修改数据或者纠正成果常常是科学家为了符合企业的期望作出的行为。这样最终的结果可能是，能为企业创造巨额的利润，但是违背了科学规范和科学家的科学精神。在科学奖励时是否应该把这些虽给公众带来便利但却违背科学规范的应用研究考虑在内，或者对有着社会风险和负面影响的研究是否给予奖励也应考虑在内，如此种种就导致了科学内部甚至是科学与社会在奖励问题上的冲突。

---

① R. K. Merton, "The Matthew Effect in Science", *IS IS*, 1988（79）.
② 眭依凡:《美国大学与企业的合作及潜在的利益冲突》,《高等教育研究》1992 年第 3 期。

总之，科学奖励制度中的利益冲突是存在的，而且越来越复杂，与经济利益的联系越来越紧密，这样就可能会导致科学家为了个人经济利益而作出不理性的行为。

（六）社会承认过程中的利益冲突

在科学界，对科学家来说被科学同行所认可是非常重要的，并且随着科学与社会关系的越来越密切，科学家获得社会的认可也变得越来越重要。随着公众包括科学知识水平在内的文化素质的提高，对科研或者科学家的要求也越来越高。除经济利益之外的社会效益也成为他们对科学家承认的一项标准，在他们看来科学家应该对科研成果或者科学知识产品所带来的负面影响负责。随着大学与企业合作越来越密切，科学家被认为是企业获利的工具，再加上科学造假事件频发，所以，科学家不再被公众完全信任。与之相适应，科学家得到社会承认也就越来越难。因此，在社会承认过程中也存在着许多复杂的利益冲突。

在小科学时代，科学家的科学研究是与社会没有任何交集的，他们只是为自己感兴趣的科学知识而进行研究，目的是为了作出科学发现，为探索和扩展未知世界的科学知识而奉献自己的力量。同时，科学发现的多重性，使得他们开始注重对科学优先权的争夺，然后获得科学界同行的承认和科学界的认可，名留千古。所以那时的社会承认对他们来说不重要，因为他们的科学发现不涉及社会公众的任何事情。

在科学经历建制化的发展后，科学与社会的关系越来越密切，而且成为社会的一个子系统，科学的任何发现和发明对社会的影响越来越深入。对科学家来说，科学发现能否被很好地应用或者说公众能否给予正确的评价对他们来说很重要，即社会承认也作为承认的一个主要内容被提上了日程。在步入大科学时代之初，人们享受着科学知识产品给其带来的便利和好处，对科学家也充满着尊重和敬意，对其评价很高，科学家获得社会承认也很容易。但是随着科学产品所带来的负面影响，如在生物医学等方面给病人带来的痛苦甚至死亡等事件的发生，人们开始正视这一问题，公众认为科学家应该对先进的科学产品或者药品的负面影响、副作用甚至是社会风险负有一定的责任，并有责任把这些负面效果降低到最低程度，这也是公众对科学家评判或者给予科学家承认的重要条件和要求之一。再加上企业的介入，使得公众认为科学家与它们是一丘之貉，或者说科学家为了自己的经济利益，获得企业的资助，而被企业利用着，这种带有经济利益驱动的研究成果是为企业获利而服务的，却不顾对公众是否有利或者对生态环境是否有破坏。另外，科学家选择那些企业认为有商业前景的或者企业急需解决的课题而不顾社会普遍存在的问题作为研究对象，这让公众对科学家的看法大打折扣，再加上科学界造假事件的频发，使得科学家获得社会公众的承认越来越难，甚至是不被信任。诸多经验分析和统计结果均表明，"如果科学家对企业产品的研究得出了积极的结果，就会给他们带来潜在的经济收入。然而，这种潜在的经济收入却衍生了危害公众健康的可能性，也会使得他们在进行设计研究时和在对研究成果进行解释时产生偏向"①。越来越多的研究披露出来的内幕告诉我们，客观和公正开始让位于偏向和偏心，与利益无涉开始变成与利益攸关。导致的直接恶果就是：科学知识开始沦落为可疑的知识；人们开始对科学事业失去信任。对于公众来讲，他们通过媒体不断看到的由研究者利益冲突所造成的严重影响，也渐渐地使得他们对所牵涉的科学家甚至是整个科学研究表示怀疑。公众开始认为，科学研究只不过是科学家这个新型利益集团争夺公共资源、谋取私利的一种手段；现在这些科学家不是为了人类的福祉而献身科学，而是为了攫取更多的个人利益而利用科学。

如此种种都充分说明了在社会承认过程中公众与科学家之间存在着利益冲突，而且这种冲突越来越复杂，夹杂着的经济利益越来越成为冲突的导火索。

有人认为，获取科学知识的目的和用途，已经不再是为了公众的利益，

---

① J. Kassirer, *On the Take: How Medicine is Complicity with Big Business can Endanger your Health?*, Oxford University Press, 2005, p. 157.

而是开始转变为了私人利益。从研究课题的选择，到研究的进行、数据的筛选、结论的解释，再到论文的发表，科学研究的整个过程无不受研究者个人利益的影响。在整个研究过程中，科学家考虑更多的不再是科学研究成果对整个人类福祉的增进和精神生活的提升，而是盘算着如何更多地获得来自企业的后续资助，计算着自己在这个过程中个人利益的增进和提升。"企业家式的科学家已经不再认为自己有义务、有必要对事关公众利益的问题进行研究了。课题的选择，开始听命于商业而不是社会的优先发展领域。"① 很明显，一些科学家的一切活动的出发点和归宿已经不再是公众利益的神圣召唤，而是个人利益的驱动。无须赘言，一旦这种体现个别人神圣的做法被越来越多的科学家效仿的话，那么最终损害的是公众和社会的利益。

三、解决利益冲突的原则和方法

我们在分析了利益冲突所引发的偏见对科学家理性行为的影响，以及利益冲突在科学活动中的表现后，我们需要具体问题具体分析，对症下药，解决科学活动中存在的利益冲突问题，进而减少利益冲突对科学家职业判断和科学决策的影响，使其作出客观公正的科学判断，增强公众对科学的信任，促进科学事业的发展。

为了解决利益冲突问题需要制定带有一定指导性、原则性和操作性的政策和措施。只有通过制定切实可行的解决利益冲突问题的政策措施，才能更加规范地解决利益冲突问题，使得所有当事人（包括利益冲突的主体和管理者）在面对具体利益冲突时有章可循。只有通过落实这些政策措施，才能更好地化解科学家、科研机构负责人的公私两种利益冲突，规避科学家、科研机构负责人的偏向和偏心可能给科学事业带来的风险和危害。

一般来说，解决利益冲突问题有以下方法：具有预防性功能的公开政

① S. Krimshy, *Science in the Private Interest*: *Has the Lure of Profits Corrupted Biomedical*, *Research*?, Rowman & Littlefield Publishers, 2003, p. 179.

策、具有引导性功能的管理政策（包括政府的制度管理和科学家以及同行评议的非制度管理）、具有矫正性功能的清除政策。通过对诸多解决利益冲突问题的政策和具体实践经验的分析，可知这些政策的主要构架有三个基本方面：利益冲突的公开、利益冲突的管理和利益冲突的清除（移除），包括对有利益冲突的科学家实施的监督和调节，以确保其决策不受其偏见的过度影响。

（一）具有预防性的公开政策或措施

公开措施是控制科学中利益冲突的三大基本措施之一，是对利益冲突进行控制时最先采用的和最常用的措施。[①] 科学活动中利益冲突的公开，是指在科学活动中，把与自己的职责所代表的主要利益相冲突的次要利益公布于众或公之于世。更具体讲就是要把那些影响个人进行职业判断"看不见的"但暗中起作用的私人利益给揭露出来，让相关更多的人知道此事。所以长期以来利益公开化一直被学者和管理层认为是避免利益冲突及其负效应，对其进行管理的重要手段和有效措施，甚至被认为是化解科学活动中利益冲突的一剂"万能良药"。[②] 换句话说，人们认为只要对利益冲突进行充分公开，就可以防止欺骗，增加透明度，科学活动就能够更方便地接受同行、机构管理层和公众的监督，从而使得人们得到客观公正的科学结论，就能消除学院科学家因利益冲突可能造成的危害。但我们也要看到，公开是有前提的，科学活动中相关人员必须承认利益冲突情境的存在，而且公开本身不能消除利益冲突，只能避免欺骗、疏忽和辜负信任，等等。公开政策按照公开的程序可以分为过程公开和内容公开。

1. 过程公开

所谓过程公开就是科学家要对科学活动中的科研项目进行公开，涉及的

① 文剑英、王蒲生：《科技与社会互动视域下的利益冲突》，知识产权出版社 2013 年版，第 180 页。
② L. Bero, "Accept Commercial Sponsorships", *BMJ*, 1999（319）.

内容包括从项目的立项到启动和完成的整个过程，这些都要公开，并对这一过程中所牵涉的利益以及研究成果所获得的评价也公开。[①] 但是这一过程公开是有前提的，科研人员必须首先要承认自身存在利益冲突或者说承认利益冲突这一情境，而恰恰是这一前提使得公开变得困难。因为要科研人员自我承认其自身的潜在冲突是危险的，换句话说，自我评价一直以来都是不能做到完全客观的。所以不能完全依赖科学家自己识别自己、自己认识自己的冲突。但我们也不排除有的科学家可以客观正确地认识自身冲突情境的可能性。而针对不能自我识别和判断的科学家，有的大学如纽约大学、加利福尼亚大学等，就制定了相应的公开机制来对科学家进行独立评价，这对于弥补自我评价的缺陷，使得公开措施得以推行是非常重要的。如纽约大学的公开机制是每年一次或者特殊时候，通过提交报告的方式来公开所有补偿的专业活动、管理、管理关系以及重要的经济利益等。[②] 再由大学的资深科学家组成的常务委员会来对这一公开报告进行管理，由他们对科学活动中的潜在利益冲突进行判断和评价，对已经发生的利益冲突进行管理。加利福尼亚大学则采取了与之不同的做法，学校公开制定的表格，科研人员通过对这一表格的填写和提交来让学校管理部门对其进行了解并存档。同时，还对项目资助的金额有严格规定。此外，对于科研资金的补充问题、合同期限问题和资金的支出问题等都要求相关人员及时向学校的管理部门提交说明，以便于监督。[③] 当遇到特殊问题时，如通过上述的公开程序证明了经济利益冲突确实存在并已经发生时，学校会具体问题具体分析，在科研项目合作开展之前或者相关合同签订之前就对这一项目进行独立的评价和判断。换句话说，当公开的程序揭示了实际潜在或者已经发生冲突时，学校会依靠其大学资深科学家组成的委员会，或者来自法律咨询机构、研究管理部门、政府部门和技术

---

① 魏屹东：《科学活动中的利益冲突及其控制》，科学出版社 2006 年版，第 41 页。

② *Statement of Policy on Faculty Responsibility to the University*，New York University，December 10，1984，p. 115.

③ University of California, Los Angeles, "Diaclosing Financial Interest in Private Sponsors of Research", *UCLA Standard Procedure*, No. 921, 1986.

转移管理部门的专家，在合同签订之前或者研究开始之前就对这一科研项目进行评价，减少因为经济利益问题所带来的偏见对科学活动的影响。

2. 内容公开

在对科研项目的过程进行公开后，我们需要对利益冲突所涉及的内容进行公开，这里的内容不是指项目所研究的通过发表就可以实现、公开成果的内容，而是指需要政策引导的有关利益方面的内容。主要是对经济上的利益冲突进行公开，具体包括科学家与企业互动过程中形成的经济利益的性质、范围、持续时间和价值或金额等方面，以方便对其进行正确评估。如需要科学家不仅在申请基金、开展研究之前和发表论文时公开，而且在其做口头报告、书面报告和给出政策建议时，在自己报告的主题之下，就应该将自己接受哪个公司的资助或自己在某企业任何职等问题，用醒目的字眼进行公开，让听众、观众和政策制定者对之有所了解。当然，不同的研究机构需要其公开的内容是不同的。对于国家机构，公开的要求应该更严格，并且具有强制性。①

与此同时，要在大学里树立和倡导，公开利益冲突既是要求又是职责，培育公开透明的学术环境，必须让人们认识到公开是对科学事业有益的行为，不公开利益冲突或许为同行所不齿。而针对研究者故意隐瞒不报和不真实地报告自己经济收入的情况，一些机构要制定相应的惩戒措施。如在相当长的时间内不再发表这些作者的科研成果，或将已经发表的科研成果撤销，或在相当长时间内，不允许他们申请研究基金，或撤销、推迟研究基金的发放，等等。将教育和惩戒两方面的措施结合起来使用，公开科学活动中的利益冲突效果会更明显。

一般来讲，在任何时候和任何情况下，通过将与自己职责所代表的主要利益相冲突的次要利益公之于世，接受公众的监督，很有必要。通过公开措施，人们期望由此可以增加科学活动的透明度，可以减少科学活动中决策者

---

① 魏屹东：《科学活动中的利益冲突及其控制》，科学出版社2006年版，第42页。

的利益冲突对其职业判断的过度影响，然后对公开的结果进行评估。这是检验、完善和优化公开政策的基本步骤，也是公开政策中必不可少的重要环节。

（二）具有引导性的管理政策

公开利益冲突可以有效地增加科学活动的透明度，对科学造假起到一定的抑制作用。但我们也要看到公开这一政策的不足之处，要对公开政策的缺陷进行反思。实践经验表明，在那些实行公开政策的机构当中，其实施的实际效果并不令人满意。因为在现实生活中，科学家真正公开自己利益冲突的做法并不多见。即使一些机构采取了公开措施，科学家或机构负责人实际的公开率却很低。所以公开政策作为处理经济利益冲突的第一步，并不是一剂"万能良药"，而且可能会带来难以避免的"两难"问题。① 由此看来，对于公开本身的作用，既不能无限夸大，也不能过度贬低，而是要对其作用作出应有的合理评价。理论研究和实践经验都表明，若要有效地解决科学活动中的利益冲突问题，只有在公开的基础上，有效结合具有引导性的"管理"机制，才会收到良好的效果。

在科学活动中实施具有引导性的管理政策来解决科学活动中的利益冲突时，我们首先要澄清一个重要问题：对科学家次要利益或者说个人利益合理性的承认和认可，包括科学家在内的任何人都应有的正当利益，我们要尊重他们对其正当个人利益的追求。合理的管理政策就是要对科学家个人获取正当利益进行引导，当科学家处于利益冲突中时，要使科学家首先考虑公共利益或者说主要利益，并要其保证在主要利益不受侵害的前提下，才能对自身的非经济利益和经济利益给予正当的考虑。一般情况下，科研机构会建立独立的第三方，让其对处于利益冲突中的科学家的职责判断进行管理或者对其科学决策进行监督和指导，在保证公共利益不被侵害的前提下，保证科学家

---

① L. Bero, "Accept Commercial Sponsorship", *BMJ*, 1999 (319).

作出不被经济利益过分干扰的客观公正的职业判断的同时，实现其正当的经济利益。①

这样就引出了科学活动中利益冲突管理政策的内涵，即通过独立的第三方（如机构审查委员会等）对科学家的利益冲突进行审查、评价、监督和指导等。具体而言就是，那些存在利益冲突的科学家，如果其个人利益跟其目前所研究的课题之间的利益攸关时，只有在利益冲突的管理机构——机构审查委员会或者利益冲突委员会的管理之下，对这些关系进行详细的审查和评估，才能被允许继续开展某些科学活动。理性分析和经验研究均表明，只有通过制定合理的利益冲突政策，并运用这些政策措施对利益冲突加以"管理"，才能有效地控制和解决科学活动中的利益冲突问题。按照管理的强制性进行分类，我们可以把对利益冲突进行控制的有效路径——管理政策分为非制度性管理和制度性管理两种。

1. 非制度性管理

非制度性管理即不依赖具有强制性的制度和法规，而是通过依靠研究者个人的自我行为规范——自我管理或自我控制，以及"科学共同体"的约束机制——同行评议对科学活动中的利益冲突进行的管理和控制。②

（1）自我管理和控制

作为利益冲突最基本的控制方法——自我管理和控制的实施，是有其假定的前提条件的，即"科学家都是诚实的，他们都是有自律精神的"。换句话说，只有诚实的科学家才会对他们存在的利益冲突敏感，认为利益冲突会影响其作出客观公正的科学判断和科学决策，因而会谨慎自己的行为，避免利益冲突所引起的偏见等。而对于那些不诚实的科学家来说，他们与上述那些无意产生利益冲突或有害偏见的人有所不同，他们故意欺骗和破坏行为的隐蔽性使其可能在有限的范围取得成功，所以对这些不诚实的人是不能通过

① K. Mildred Cho, etc., "What is Driving Policies on Faculty Conflict of Interest? Considerations for Policy Development", *JAMA*, 2001.
② 魏屹东：《科学活动中的利益冲突及其控制》，科学出版社 2006 年版，第 38 页。

自我管理控制这一措施来进行管理的，而只能通过外部立法等强制性管理规范来控制。因此，自我管理控制措施只适用于那些诚实和道德高尚的研究者。

首先，在科研课题的选择方面，科学家要有自我约束意识，尽量选择那些与自己利益无关或者说与自己没有潜在利益冲突的研究项目。但是如果研究者在某一项目中扮演着不可或缺的角色，研究者就可以主动地采取减少或降低自己额外收入的办法，将自己的次要利益或者个人利益置于一个被政策许可的阈值内，来减少科学家相互冲突的个人利益的经济价值，这不仅是诚实科学家道德问题的一个重要表现，也是科学家自我排除有潜在利益冲突的关键。科学家这种通过放弃某些活动或权益、减少自己经济利益的具体数目，使得自己的额外经济收益回归到许可的范围内的做法，不仅减少了利益冲突带来的危害，而且也达到了管理的基本目的。与此同时，还可以通过对科研项目中研究设计、实验设计和部分环节的那些可能造成严重偏颇的研究计划部分修改、部分删除或更改，来使得那些存在经济利益冲突的科学家能继续其科研活动，并且还能有效地避免其产生偏见的可能性。由此看来，修改研究设计不失为一项两全其美、行之有效的管理措施。

其次，在研究过程和研究成果的评价过程中，也要尽量遵循利益无关原则，即通过对科学家的研究过程、带有经济利益的研究成果的评价进行控制和管理，减少包括经济利益在内的利益因素的影响和刺激，保证研究过程和研究成果的客观公正性。如可以限制有经济利益冲突的科学家的部分科研活动，不让其参与受试主体的招聘，不让其进行数据筛选和分析，不让其决定自己实验的设计和进程，不让其单独对试验下结论，等等，使得这些科学家的利益冲突不会引发偏见，从而避免经济利益上的冲突对其科学决策的不正常影响。通过这些局部的管理措施，在某种程度上也可以有效地避免有经济利益冲突的科学家产生偏见。

最后，要通过对研究者进行教育，使其将科学规范内化于心，减少经济利益冲突带来的偏见。美国医学协会科学事务与道德和司法事务委员会根据临床研究者的调查发现，只要有经济利益的刺激，研究者就很难保证其研究过程和研究成果的客观性，在研究的操作、分析和报告中，产生偏见是常理之中的事情。如在临床研究者进行研究之前对其进行伦理知识培训，让他们对生命伦理学原则和伦理问题的分析方法有所了解，加强科学规范的深入引导和道德教育，使其内化于心，在强化科学家社会责任心的同时，教育其要通过自律来保持客观公正的研究，进而能使得自我控制达到更好的效果。①与此同时，研究者对自己的科研过程和研究成果要谦虚谨慎，要有意识地通过同行重复实验等方式来判断是否将因利益冲突产生的偏见引入科学研究中。进而对其过度追求个人利益的私欲进行管理和控制，减少利益冲突，使得科学事业快速发展。正如唐纳德·肯尼迪在《学术责任》中所说，在科学界，科学家有一种冲突将会永远存在，那就是从自身出发的私利。而且这种利益是不受外界约束和控制的。所以这种利益冲突只能靠科学家自己来解决和处理，对自己的思想和行为进行自我管理，否则因利益冲突没有处理好而导致的科学家自己的任何失败都是惨重的，而且也会使得社会蒙受损失。②总之，加强科学家自身教育对更有效地解决科学活动中利益冲突所引发的问题有重要的作用。

（2）同行评议

在科学界，同行评议作为重要的制度，对科学活动正常开展发挥着非常重要的作用。在科学活动中，同行评议就是通过科学同行对科学活动中的科研项目立项、研究过程和研究成果进行评审，对其中的研究课题的可行性、研究过程的客观公正性以及研究成果的正确与否和价值大小进行评价。所以同行评议是科学家之间的对话，不仅可以避免以往"拍脑袋"和"长官意志"评审方式的弊端，还可以及时纠正科学活动中容易出现的错误和缺陷，使得新的科学发现和理论成果能促进科学的发展。在目前，针对科学活动中的利益冲突，国

---

① Council Report, "Conflicts of Interest in Medical Cen ter /Industry Research Relationships", *Journal of the American Medical Association*, 1990（263）.

② ［美］唐纳德·肯尼迪著，阎凤桥等译：《学术责任》，新华出版社2002年版，第325页。

外同行评议制度中主要的非制度性管理办法有两种，即披露与回避。

一方面，通过向同行专家公开披露来管理科学活动中的利益冲突。公开披露作为控制利益冲突的重要措施之一，在同行评议系统中发挥着重要的作用。所谓公开披露，就是指针对科学家在科学活动中有义务将自己可能涉及的利益冲突或者潜在的利益冲突，包括社会关系和经济利益等方面的冲突，根据国家或机构所规定的利益冲突标准，向同行评议专家所组成的评议委员会如实报告。① 这种利益冲突的公开披露与前面我们所说的公开措施有所不同。这一公开披露措施的实施是有前提的，即由同行评议专家所组成的评议委员会才具有知晓权，并对这一涉及个人隐私的利益冲突具有保密的义务。而评议委员会公开披露科学家自身的利益冲突后，要依据相关规定和标准具体问题具体分析，对不同的科学家以适当的指导和引导。正如《怎样当一名科学家——科学研究中的负责行为》中所说：其实研究者可以公开其自身的利益冲突，一来是将自身的潜在利益冲突告诉编辑使得他能作出正确的判断，二来是便于对科学活动进行监督以保证其正常的开展，同时还能维护科学家的形象和信誉。所以这两种情境都是通过外部的监督和核查来减少偏见在科学活动中的发生。②

另一方面，在同行评议中采取利益回避措施来减少科学活动中的利益冲突。利益回避，是同行在处理科学活动中存在的非常明显的或是严重的利益冲突情景时经常使用的措施之一，是通过调整存在利益冲突双方中一方的利益，来改变评议人与被评议人之间利益冲突的一种管理方式。③

在同行评议中，利益回避分为两类：一类是要求参与的同行评议专家要回避。如评审委员会认为某一课题或项目的评审可能会受到委员会中的某些同行评议专家利益冲突的影响，或者说利益冲突所引发的偏见影响其作出客观公正的判断时，委员会就要集体讨论决定让该专家对某评审进行回避。如

① 魏屹东：《科学活动中的利益冲突及其控制》，科学出版社 2006 年版，第 38 页。
② ［美］科学、工程与公共政策委员会编，刘华杰译：《怎样当一名科学家——科学研究中的负责行为》，北京理工大学出版社 2004 年版，第 25—26 页。
③ 周颖、王蒲生：《同行评议中的利益冲突分析与治理对策》，《科学学研究》2003 年第 3 期。

在自己的项目中自己不能担任评议专家进行评审等。另一类是要求被评议人回避。当被评议人觉得自己的项目或者论文可能会遭到评审委员会中某个或某些同行评议专家不公正的对待时，可以向一定的机关或机构提出书面申请，要求某专业某一专家回避这一课题或项目的评审等，这在 *Science*、*Nature* 中常被使用。对于经济利益冲突的回避在今天的科学活动中也是非常重要的。如当研究者在新药的临床实验中涉及自身的经济利益，如果其拥有这种药品公司或者工厂的股份等，就可以通过在临床试验前变卖股份或者不参加新药的临床试验等，来避免或者回避这种由经济利益导致的冲突。

由此可见，这两种回避措施能够在一定程度上有效地控制、防范和避免科学活动中的利益冲突，不仅对科学事业的发展、公众利益的保护有重要作用，对研究者本人来说也是一种必要的保护。

2. 制度性管理

通过对前面科学活动中利益冲突的非制度性管理措施的分析，我们发现，不管是科学家的自我控制，还是通过同行评议的管理，对科学活动中的利益冲突而言还是不能完全进行有效的管理。如科学家的双重角色导致科学家自我控制措施的不可行性、同行评议制度中的人情因素，以及制度本身对科学共同体之外其他监督的排他性，使得非制度性管理措施具有不完美性。完善利益冲突的管理办法还需要政府的制度性控制管理，从而减少利益冲突带来的偏见和危害，促进整个科学事业的发展。

（1）政府干预

所谓政府干预，就是政府行政部门利用自己的权力优势，通过制定相关的政策，来对科学活动中的利益冲突进行控制和防范，这是一条有效的管理途径。① 在政府干预政策实施之前，或者说政府在参与管理科学活动中利益冲突所引起的问题之前，需要正确看待以下问题。首先，政府要摆正自己的位置，把自己当作第三方机构参与到科学活动利益冲突问题的处理中，这就

---

① 魏屹东：《科学活动中的利益冲突及其控制》，科学出版社 2006 年版，第 39 页。

意味着政府不仅需要尊重科学研究的自主性，倾听来自科学界的声音，还需要尊重科学家，最为重要的是要尊重科学家的职业判断和科学决策。因为政府作为对科学界监督和管理的外部行政机构，对科学界的专门科学知识有着难以理解的缺陷，所以作为权力机构的政府部门，要根据科学家给出的评价建议、意见或者说科学决策，然后借助于自己的权力优势来制定相关的法律或政策，减少科学活动中利益冲突所引发的问题。如在科学研究过程中，针对原始数据而引发的利益冲突问题，政府部门可以制定相关的政策要求科学家必须对科学研究的原始数据进行妥善保存，以便日后可以快速有效地检查分析数据和科研成果的正确与否等。美国政府相关的行政部门则采取了一些具有借鉴意义的政策和措施，如美国公共卫生局对于生物医学领域研究中经常出现的利益冲突问题提出了相关的禁令：禁止"研究者、顾问和管理机构人员为个人、家族和其他相关人员谋利"①。我国政府相关部门也制定了相关制度和措施，如对科研项目研究课题的中期审查以及对有价值课题项目的后续资助等措施，都是对科学活动中的利益冲突问题的有效管理。由此我们可以看到，政府部门在最初的干预过程中是遵循着挽救的心态来管理和解决科学活动中的利益冲突问题的，这样可以以对科学家造成最小伤害的方式来警告或者警示处于利益冲突中的科学家，从而避免了由于事态扩大而毁掉科学家科研生涯的危险。

（2）政策法规

对利益冲突的管理和解决必须依靠相关的政策法规。相比较前面的政府干预，政策法规相对来说比较正式而且有较强的强制性，这会对处于利益冲突中的科学家产生约束力，从而有利于减少因利益冲突对科研带来的危害。在美国，对于政策法规的研究，理论上提出了三个常用的模型：禁止产生冲突的特殊活动的禁令模型；根据详细审查和控制利益冲突变化的层次，对科学活动进行分类的模型；在个案基础上不依赖禁令和分类来评价各种活动的

---

① Public Health Service, *U. S. Department of Health and Human Service*, *PHS Grant Policy Statement*, *Section 8*, Rockville, Maryland, 1990, p. 17.

案例模型。①

"禁止"这一模型对科学研究中的一些活动类型进行了禁止性规定。斯坦福大学、美国医学协会和美国霍普金斯医学院对这一管理措施进行了比较典型的实施。斯坦福大学对一些典型的科学活动进行了明令禁止：禁止对未被授权的大学资助的研究产品、材料、信息等转移；禁止科学家利用特权为个人牟利；禁止与个人有密切关系的公司进行合作；禁止接受来自于大学进行商业合作或研究的私人公司的赠品或其他东西。② 美国医学协会则针对临床研究者可能存在的利益冲突问题提出了相应的禁令，如临床研究者在所进行的临床研究中，涉及与其合作的企业的研究计划，则禁止其买卖合作公司的股票或者说禁止利用经济利益来产生金融交易，直到这一科研项目课题结束或者说研究成果公开发表，然后才可以进行相关的经济利益活动。③ 对于科学活动中至关重要的经济利益冲突问题，美国的霍普金斯医学院还提出了更为详尽的措施。对于与科学家有合作的企业，通过对这一科学家的科学研究进行相应的资助来支持其对医药产品进行研究，这都属于正常现象，但是对于科学家的配偶和子女对这一企业占有或者控股却是被禁止的，与此同时科学家优先的控股权也是被禁止的，这种"禁止"是为了对相关的金融利益所有权进行公平正当的分配和获得。④

"分类"模型，就是根据科学活动中利益冲突变化的层次对其进行分类管理和评价的一种管理措施。对于这种分类模型的实施情况，比较典型的是哈佛医学院，它按照科学活动中的利益冲突变化的层次和规律，将其分为以下几种模型：科学活动中具有最大利益关系的活动，只有在批准后才被允许去实施；对于科学活动中正常许可范围的关系和活动，要在其发生后对其进

---

① 魏屹东：《科学活动中的利益冲突及其控制》，科学出版社2006年版，第40页。

② Stanford University, *Administrative Guide Memo*15. 2. Palo Alto, California, 1979.

③ American Medical Association, "Report of the Council on Scientific Affairs and Council on Ethical and Affairs: Conflict of Interest – Medical Center – Industry Research Relationships", *Journal of the American Medical Association*, 1990（263）.

④ John Hopkins, *University School of Medicine*, *Policy on Conflict of Commit ment and Conflict of Interest*, Baltimore, Maryland, 1989.

行相应的公开和检查；对于科学规范允许的常规活动，要进行抽查；等等。①

"案例"模型，就是除去上面两个模型之外，在个案分析的基础上，对各种科学活动中利益冲突问题进行处理的一种管理方式。

上述三种模型虽有其各自的优点，但是缺点也是不可回避的。如在禁令模型中，这一管理措施就表现出了宽泛和不完善性，面面俱到但不深入，不能针对具体的利益冲突进行具体的分析和解决。在分类模型中，虽然可以清楚地划分科学家的行为，避免一些利益冲突，但是分类的不全面和所面临的利益冲突的越来越复杂化，这一管理措施就显现出过于结构化和不实用性。而对于案例模型，虽然可以通过对案例的具体分析和处理来提高其解决利益冲突的说服力，也可以通过典型的案件分析得出共性的解决利益冲突的办法，但是案例模型的措施在管理上太复杂，不仅需要研究者对自身的利益冲突境况要有清晰的了解，还要他们将自身敏感的利益公开，这样才能使得案例模型具有典型性和具体的可行性。政府制定法规政策时必须将这三种模型结合起来，使之相互联系且共同发挥作用，这样才能对科学活动中利益冲突问题的解决发挥重要的功能作用。

（3）判决处罚

作为一种惩罚性的措施，处罚是当科学活动中出现的利益冲突太复杂，而普通的政策法规又难以涉及，从而失效，或者说因政策法规的不明确性，致使没有相关的法规可以遵循时，甚至是故意违反政策法规的事件出现时，才采用的一种管理办法。在处理这种复杂的利益冲突时，仅仅通过罚款来消除冲突和负面影响是不够的，还需要实施更严厉的惩罚措施，如在医疗领域，可以吊销医生的营业执照，让其不能从事医务工作，等等。总之，政策法规在解决科学活动中的利益冲突问题过程中起着重要的指导性作用，充当着科学界的"学术警察"，是重要的外部监管措施。

---

① Harvard University Faculty of Medicine, *Policy on Conflict Interest and Commitment*, Boston , Massachusetts, 1990.

3. 借用"可反驳推定"机制进行管理

通过前面的非制度管理办法和制度管理政策的分析，我们可以看出，面对越来越复杂的科学活动，利益冲突的形式也愈来愈复杂和多样化，经济利益冲突在大科学时代的今天也越来越成为首要的冲突和焦点，这就导致了利益冲突政策的滞后性。换句话说，当今解决利益冲突问题的政策从本质上来讲是预防性的而不是惩戒性的。当某些科学家参与的某一科学研究课题面临紧迫性的形势，利益冲突政策大多是侧重于对其进行事先的协调和引导，避免其由于利益冲突而产生偏见，而不是侧重于在科学家作出了带有偏见的职业判断和科学决策后对其进行事后惩罚和惩治。而且在这个控制利益冲突活动的过程中，还不能破坏科学家与企业家所结成的有益关系，这也是实施利益冲突政策时要注意的。

所以针对解决利益冲突问题遇到的这些问题，我们借用法律中的一个概念——"可反驳推定"，即除非某些假设在具体情况中受到了确定无疑的挑战，否则，这些假设将被认为是正确的。也就是说，假如没有别的证据与被推定的事实相冲突，则该推定将被认为是可以成立的。[①] 这一机制在科学活动中的运行，就意味着必须同时由第三方的管理机构对这些科学家实施管理。只有在第三方的监管下，那些有经济利益冲突的科学家才可以继续参与某项科研活动。更明白地说，假如有潜在利益冲突的科学家能够继续其科研活动，那么必须保证的前提是：科学家的所有科研活动都必须是在独立第三方的监督之下完成。而且实践已经证明，成立一个机构或组织，让其具体或专门负责控制科学活动中的利益冲突问题，是有效解决利益冲突问题的途径。在一些发达国家，"机构审查委员会"（独立伦理委员会）或"伦理审查委员会"，最初是用来保护生物医药等研究中涉及人类受试主体的福利和权力的组织机构，在处理今天存在复杂利益冲突的科学活动中发挥了重要作

---

① 文剑英、王蒲生：《科技与社会互动视域下的利益冲突》，知识出版社 2013 年版，第 206—207 页。

用。[1] 即只有在机构审查委员会的监督、修改和同意下，某项研究才被批准和被认为是合法的。并且这些机构的建立方式也越来越多样化，不仅可以在机构审查委员会下面设立分支机构"利益冲突委员会"，而且也可以在国家层面的下属机构或者接受其资助的研究机构中设立利益冲突委员会，用以对科学活动中的利益冲突问题进行管理。

从本质上说，对科学活动中利益冲突问题进行管理，最能体现利益冲突政策的根本宗旨。制定利益冲突政策的根本目的是为了对科学家或科研机构的次要利益进行引导，使其不至于凌驾于主要利益之上；对由此形成的利益冲突进行控制，使其不至于产生偏向和偏心，进而危害到科学决策的客观性。与此同时，利益冲突政策又要充分尊重科学家或科研机构对其利益的合理追求，避免由于制定的政策不当而破坏学院科学家、大学和企业结成的种种有益关系。

（三）具有矫正性的清除政策

科学活动中的利益冲突问题可以通过公开和管理政策来对其进行控制，但是这两种政策又有着各自的缺陷和不足。当科学家或科研机构负责人在科学活动中有主要、次要两种利益时，且两种利益有可能发生冲突时，为了确保科学决策过程或科研成果不受任何非科学因素的影响，可以通过公开科学家的利益冲突等措施来控制其中的利益冲突，也可以通过非制度性控制中的自我控制和同行评议措施来对其进行管理，还可以通过政府颁布的政策法规等制度性控制措施来对其进行管理，但是事实证明这些措施有时是无能为力或者说是不可行的，这时就需要另一种更为果断和有力的措施来彻底地和根本地清除由于利益冲突引发的各种问题，从根源上"禁止"或杜绝利益冲突的发生。[2]

---

① 文剑英、王蒲生：《科技与社会互动视域下的利益冲突》，知识出版社 2013 年版，第 172 页。

② IOM（Institution of Medicine），*Conflict of Interest in Medical Research*，*Education and Practice*，Washington DC：The National Academic Press，2009，p. 64.

在科学活动中，"清除"措施是解决和处理科学活动中的利益冲突问题的最后一项措施，是在公开和管理政策都失效的情况下，通过对科学活动中科学家的利益冲突问题进行鉴别、评估之后，或者是对科学家与企业结成的各种关系的利弊进行分析之后，在必要的情况下所采取的措施，以确保科学活动的客观性和科学知识的可靠性。清除措施是指，对那些科学家与企业结成的种种影响正常科学活动的、不能进行有效管理的包括经济利益冲突在内的关系给予终止、禁止或者剥离，是通过遏制或杜绝那些可能使得科学家置身于利益冲突之中的关系，来从根本上消除由此可能造成的危害。所以其不仅是在危害发生之后对科学家的"惩戒"，而且是具有纠偏能力和震慑作用的"矫正"。

从清除措施的概念和处理方法上来看，这一措施的实施和运用首先是建立在利益冲突委员会对科学家的利益冲突性质、种类的提前鉴别和正确的评估之上的。这就是说，要对科学家和企业结成的那些关系预先进行正确的评估，要对这些关系可能带来的益处和可能造成的风险进行分析和比较。在进行成本—收益分析之后，只有当科学活动中的利益冲突关系和问题被认为是"所造成的风险远大于其所可能带来的益处"，发现其风险和危害极大而其收益较小时（如危及受试主体的生命和健康等），清除措施才可能实施。[①]也就是说，这种风险包括科学家的一些关系和做法所造成的利益冲突不仅对其自身的声望和使命的完整性构成了威胁，最为重要的是这些关系和做法对公众的利益带来了危害等。其中有些关系危害极大，它的存在极有可能会使得学院科学家有意无意地产生偏向，极有可能会对其决策产生不良影响，而且经过权衡利弊之后，发现这些关系所带来的预期收益或益处并不足以弥补或抵消其所带来的损失或危害。所以在此种情况下，为了确保科学研究的诚信传统，这些关系便不能继续存在下去。当此之时就需要当机立断，运用清除这一措施，将那些可能影响研究者进行正确职业判断的外部因素予以清

---

① IOM , *Conflict of Interest in Medical Research* , *Education and Practice* , Washington DC: The National Academic Press, 2009, p. 80.

除，或者把那些不利于科学活动的关系予以清除，同时还要保留和保护那些有益的各种关系。这不失为一条行之有效的控制经济利益冲突的得力措施。

清除是控制经济利益冲突最严厉的措施，也可以说是实施起来最简单的措施。一般来讲，清除科学家的经济利益冲突有两种做法：一种是取消资格，另一种是剥离经济关系。与管理措施不同，清除措施不是部分地取消科学家在科学活动中的资格，而是要全部地和彻底地取消该科学家继续进行科研的资格；不是降低和减少科学家个人的经济利益，而是要将科学技术与企业结成的对科学活动危害极大的关系全部予以剥离和终止。换句话说，在清除措施中，要么完全取消某位科学家在科学研究中的资格，要么完全终止科学家与企业形成的某种经济关系，说白了，清除措施就是要彻底铲除那些危害极大的关系，防患于未然。此外，我们需要清楚地认识到，清除这一解决利益冲突问题政策的根本意图，不是要对科学家与企业结成的所有关系予以全部消除，而是要清除那些可能对科学活动和科学家的职业判断产生过度影响的不良关系，是要清除那些即使通过公开和管理措施也不能消除其可能带来的负面影响的关系，也是要清除那些其所造成的危害大于其所带来的益处的关系。不是要将科学技术与企业分离开来，而是要在积极推动科学家和企业互动的同时，在积极鼓励技术创新和技术转移的同时，又最大可能避免科学家在与企业合作过程中极易产生偏向行为的可能性，有效地从根源上清除科学家出现经济利益冲突问题的环境的同时，也从根本上避免由此可能造成的对科学事业的危害。因此，在对科学活动中的利益冲突进行控制的过程中，要尽可能地对那些能够通过管理措施就可以避免产生偏向的各种关系进行管理，而不是简单地禁止和一味地消除。在科学家与企业结成的关系中，凡是那些通过努力就能够避免产生偏向的关系都适合运用管理措施。

综上所述，个人利益本身常常并不是不合理的，事实上，它或许是职业活动中必不可少的和值得拥有的部分。只是它在职业决策时所占的相对权重才是问题之所在。我们的目的并不是要清除或一定要减少经济收入或限制其他个人利益（如对家庭、朋友的偏爱或对声望和权力的渴望），相反，我们是要在作出职业决策时，防止这些个人利益凌驾于或有可能凌驾于相应的主要利益之上。不难看出，只要制定出合理的解决利益冲突问题的政策，对利益冲突加以事先控制和管理，就既能保护科学家与企业结成关系中的有益部分，使得整个社会因此而享有科学技术所带来的福祉，又能化解和避免由利益冲突可能产生的偏向，并防止利益冲突由此所造成的危害。

控制科学活动中的利益冲突问题有三种常用的措施——公开、管理和消除。但是由于每种措施都有其自身的局限性，显而易见，仅靠某一种措施根本不可能对利益冲突问题进行有效管理。更进一步地说，仅靠控制政策难以对科学活动中的利益冲突进行有效控制。因此，在制定合理的控制利益冲突政策，对科学家进行必要的化解利益冲突方面宣传教育的同时，必须着力培养具有时代气息的科学家的职业精神，必须运用国家政策合理构建大学—企业之间的良性关系，必须大力弘扬诚实守信的社会风尚。的确，这是一个系统工程。

只有将科学技术政策、控制利益冲突政策措施和职业精神建设等多种手段结合起来、综合运用，才有可能有效地消除科研人员的偏见对科学决策的过分影响，才能有效地防止由此对科学知识客观性和科学决策的过分影响，才能有效地预防由此对科学知识客观性和科学事业造成的危害。唯有如此，科学家才能真正创造"可靠的知识"，社会才能真正享受"为了公众利益的科学"所带来的福祉。

参考文献

一、中文文献

（一）著作

1. 郭传杰、李士主编：《维护科学尊严》，湖南教育出版社1996年版。

2. 江新华：《学术何以失范——大学学术道德失范的制度分析》，社会科学文献出版社2005年版。

3. 刘大椿：《科学活动论·互补方法论》，广西师范大学出版社2002年版。

4. 任本、庞燕雯、尹传红编著：《假象——震惊世界的20大科学欺骗》，上海文化出版社2006年版。

5. 沈小峰、吴彤、曾国屏：《自组织的哲学———一种新的自然观和科学观》，中共中央党校出版社1993年版。

6. 王巍：《科学哲学问题研究》，清华大学出版社2004年版。

7. 魏屹东：《科学活动中的利益冲突及其控制》，科学出版社2006年版。

8. 文剑英、王蒲生：《科技与社会互动视域下的利益冲突》，知识出版社2013年版。

9. 张积玉等：《编辑学新论》，中国社会科学出版社2003年版。

10. 郑杭生主编：《社会学概论新修》，中国人民大学出版社2014年版。

11. ［澳］艾伦·查尔默斯著，邱仁宗译：《科学究竟是什么》，河北科学技术出版社2002年版。

12. ［法］朱里安·本达著，孙传钊译：《知识分子的背叛》，吉林人民出版社2011年版。

13. ［美］哈里特·朱克曼著，周叶谦、冯世则译：《科学界的精英——美国的诺贝尔奖金获得者》，商务印书馆 1979 年版。

14. ［美］霍勒斯·弗里兰·贾德森著，张铁梅、徐国强译：《大背叛：科学中的欺诈》，生活·读书·新知三联书店 2011 年版。

15. ［美］杰里·加斯顿著，顾昕等译：《科学的社会运行》，光明日报出版社 1988 年版。

16. ［美］科学、工程与公共政策委员会编，刘华杰译：《怎样当一名科学家——科学研究中的负责行为》，北京理工大学出版社 2004 年版。

17. ［美］罗伯特·K. 默顿著，林聚任等译：《社会研究与社会政策》，生活·读书·新知三联书店 2001 年版。

18. ［美］罗伯特·K. 默顿著，鲁旭东译：《科学社会学散忆》，商务印书馆 2004 年版。

19. ［美］乔纳森·科尔、斯蒂芬·科尔著，赵佳苓等译：《科学界的社会分层》，华夏出版社 1989 年版。

20. ［美］唐纳德·肯尼迪著，阎凤桥等译，《学术责任》，新华出版社 2002 年版。

21. ［美］威廉·布罗德、尼古拉斯·韦德著，朱进宁、方玉珍译：《背叛真理的人们——科学殿堂中的弄虚作假》，上海科技教育出版社 1988 年版。

22. ［美］小摩里斯·N. 李克特著，顾昕、张小天译：《科学是一种文化过程》，生活·读书·新知三联书店 1989 年版。

23. ［美］尤吉尼·塞缪尔·瑞驰著，周荣庭译：《科学之妖：如何掀起物理学最大造假飓风》，科学出版社 2010 年版。

24. ［美］约翰·齐曼著，曾国屏等译：《真科学——它是什么，它指什么》，上海科技教育出版社 2002 年版。

25. ［美］A. 杰斯顿菲尔德编，王恩光等译：《美日科学政策透析》，科学出版社 1986 年版。

26. ［美］B. C. 范·弗拉森著，郑祥福译：《科学的形象》，上海译文出版社 2002 年版。

27. ［美］D. 普赖斯著，任元彪译：《巴比伦以来的科学》，河北科学技术出版社 2002 年版。

28. ［美］M. W. 瓦托夫斯基著，范岱年等译：《科学思想的概念基础——科学哲学导论》，求是出版社 1982 年版。

29. ［美］N. R. 汉森著，邢新力、周沛译：《发现的模式》，中国国际广播出版社1988年版。

30. ［美］R. K. 默顿著，鲁旭东、林聚任译：《科学社会学》，商务印书馆2003年版。

31. ［美］V. 布什等著，范岱年、解道华等译：《科学——没有止境的前沿》，商务印书馆2004年版。

32. ［日］山崎茂明著，杨舰等译：《科学家的不端行为——捏造·篡改·剽窃》，清华大学出版社2005年版。

33. ［英］巴里·巴恩斯著，鲁旭东译：《局外人看科学》，东方出版社2001年版。

34. ［英］约翰·齐曼著，刘珺珺等译：《元科学导论》，湖南人民出版社1988年版。

35. ［英］约翰·齐曼著，许立达等译：《知识的力量——科学的社会范畴》，上海科学技术出版社1985年版。

36. ［英］J. D. 贝尔纳著，陈体芳译：《科学的社会功能》，商务印书馆1982年版。

（二）期刊

1. 曹南燕：《科学活动中的利益冲突》，《清华大学学报（哲学社会科学版）》2003年第2期。

2. 曹树基：《学术不端行为：概念及惩治》，《社会科学论坛》2005年第3期。

3. 陈学东、李侠：《论科技活动中如何避免寻租现象》，《科学学与科学技术管理》2002年第8期。

4. 陈志凌、方放、肖沫香：《科研越轨行为及其防范》，《科技导报》1993年第12期。

5. 董良：《韩克隆专家黄禹锡造假案之警示》，《生物技术通报》2006年第2期。

6. 樊洪业：《科研作伪行为及其辨识与防范》，《自然辩证法通讯》1994年第1期。

7. 方敬诚：《令人注目的冷聚变研究》，《世界科技研究与发展》1990年第2期。

8. 关洪：《是病态科学，还是受伤的科学？N射线事件百年检讨》，《科学文化评论》2005年第2期。

9. 韩丽峰、徐飞：《学术成果发表中不端行为的形式、成因和防范》，《科学学研究》2005年第5期。

10. 胡春华：《韩国黄禹锡干细胞研究被证实为学术造假》，《科技导报》2006年第1期。

11. 胡善美、瞿大明：《科学史上的一大骗局——用黑猩猩骨拼凑出远古"陶逊曙人"》，《科技与文化》1995 年第 3 期。

 12. 黄松：《论学术期刊自律与防止学术腐败》，《编辑学报》2007 年第 3 期。

 13. 李红芳：《近年科学越轨问题研究评述》，《科技导报》2000 年第 3 期。

 14. 李巨光：《浅议科研工作者不端行为的防治》，《科学与管理》2009 年第 2 期。

 15. 李真真：《转型中的中国科学：科研不端行为及其诱因分析》，《科研管理》2004 年第 3 期。

 16. 刘烈洪：《哈佛的告诫》，《课外阅读》2008 年第 1 期。

 17. 刘秋华：《科研不端行为的社会学分析》，《自然辩证法研究》2008 年第 1 期。

 18. 刘泽仁：《关于冷聚变研究的争议》，《世界科技研究与发展》1992 年第 6 期。

 19. 沁明：《谁是辟尔唐人骗局的主谋》，《化石》1979 年第 4 期。

 20. 邱仁宗：《利益冲突》，《医学与哲学》2001 年第 12 期。

 21. 盛华根：《科研越轨行为研究评析》，《科学学与科学技术管理》2004 年第 2 期。

 22. 石平：《皮尔唐人骗局新考——作弊者据称是柯南道尔》，《化石》1984 年第 2 期。

 23. 史玉民：《论科学活动中的越轨行为》，《教育与现代化》1993 年第 4 期。

 24. 眭依凡：《美国大学与企业的合作及潜在的利益冲突》，《高等教育研究》1992 年第 3 期。

 25. 王锋：《科学不端行为及其成因剖析》，《科学学研究》2002 年第 1 期。

 26. 王平：《同行评议活动中的制度性越轨行为》，《自然辩证法通讯》2000 年第 4 期。

 27. 王蒲生、周颖：《美国研究机构的利益冲突政策的缘起、现况和争论》，《科学学研究》2005 年第 3 期。

 28. 王英杰：《改进学术环境，扼制研究不端行为——以美国为例》，《比较教育研究》2010 年第 1 期。

 29. 王志伟、徐琴：《科学奖励研究的默顿范式及其存在问题》，《自然辩证法研究》2000 年第 11 期。

 30. 微木：《请关注科技界的"包工头"现象》，《科学对社会的影响》2003 年第 1 期。

 31. 魏屹东：《科学活动中的利益冲突及其控制》，《中国软科学》2006 年第 1 期。

 32. 文剑英、王蒲生：《科学活动中利益冲突的社会学视角》，《自然辩证法研究》2009 年第 7 期。

 33. 吴寿乾：《科学研究中的不端行为及其防范》，《科技管理研究》2006 年第 11 期。

 34. 熊万盛：《科学活动中越轨行为的动因分析》，《科学技术与辩证法》1997 年第

3 期。

35. 杨建邺、张家干：《失败案例研究——N 射线事件的启示》，《自然杂志》1992 年第 1 期。

36. 炎冰、宋子良：《科学作伪与社会调控》，《科学学研究》1999 年第 1 期。

37. 阎莉、邢如萍：《审视巴尔的摩案——从利益冲突角度》，《科学学研究》2007 年第 4 期。

38. 杨光飞：《"公众评议"之于科学研究的功能》，《自然辩证法研究》2007 年第 6 期。

39. 萧如珀、杨信男：《物理学史中的九月 1904 年 9 月：罗伯特·伍德揭穿了 N 射线的假象》，《现代物理知识》2009 年第 5 期。

40. 叶继红：《科学越轨与社会控制》，《科学学与科学技术管理》2004 年第 5 期。

41. 余三定：《新时期学术规范讨论的历时性评述》，《云梦学刊》2005 年第 1 期。

42. 袁建湘：《科学奖励中的学术道德与学风建设问题及对策研究》，《科技管理研究》2008 年第 7 期。

43. 曾旸：《科学研究不端行为产生的原因及其防范》，《科技管理研究》2006 年第 7 期。

44. 翟杰全：《科学之内与科学之外——由"黄禹锡事件"所想到的》，《科技导报》2006 年第 3 期。

45. 张保伟：《科研不端行为治理的博弈论思考》，《科技管理研究》2009 年第 11 期。

46. 张纯成：《科学活动中利益冲突的形式、诱因、控制和防范》，《河南大学学报（社会科学版）》2009 年第 5 期。

47. 张九庆：《科研越轨及其社会控制》，《科技导报》2002 年第 4 期。

48. 张九庆：《科研越轨行为的界定与表现形式》，《企业技术开发》2003 年第 4 期。

49. 张立、王华平：《学术不端行为的模型化研究》，《科学学研究》2007 年第 1 期。

50. 张效英等：《防范科研不端行为的制度借鉴与比较》，《合肥工业大学学报（社会科学版）》2011 年第 6 期。

51. 赵乐静：《论科学研究中的利益冲突》，《自然辩证法研究》2001 年第 8 期。

52. 郑维民：《辟尔唐人新证》，《化石》1990 年第 4 期。

53. 郑褚：《谁制造了辟尔唐人》，《时代教育（先锋国家历史）》2008 年第 10 期。

54. 郑友德：《美国对科学家越轨行为的防范及其措施》，《科学学与科学技术管理》

1996 年第 6 期。

55. 周颖、王蒲生：《同行评议中的利益冲突分析与治理对策》，《科学学研究》2003
年第 3 期。

（三）硕博论文

1. 董正华：《学术不端行为研究及对策》，大连理工大学硕士学位论文，2009 年。

2. 段立斌：《科学不端行为治理对策研究》，兰州大学硕士学位论文，2008 年。

3. 韩丽峰：《科学活动中若干失误问题的研究》，中国科学技术大学博士学位论文，
2007 年。

4. 雷搏：《论科学不端现象及其法律应对》，太原科技大学硕士学位论文，2007 年。

5. 李明：《科学不端行为的成因及其对策》，华中师范大学硕士学位论文，2010 年。

6. 刘青：《科学界失范行为的成因分析及对策研究》，武汉理工大学硕士学位论文，
2007 年。

7. 潘晴燕：《论科研不端行为及其防范路径探究》，复旦大学博士学位论文，2008 年。

8. 石玮：《试析我国的科学不端行为》，上海交通大学硕士学位论文，2007 年。

9. 于江平：《科学活动中越轨行为的社会学研究》，苏州大学硕士学位论文，2003 年。

10. 张红梅：《论科学越轨行为的防治》，湖北大学硕士学位论文，2011 年。

11. 张建华：《背离性越轨行为的社会控制问题研究》，东北师范大学硕士学位论文，
2005 年。

二、英文文献

（一）著作

1. Abraham Pais, *Inward Bound: Of Matter and Forces in the Physical World*, New York:
Oxford University Press, 1986.

2. Bernal, J. D., *The Social Function of Science*, London : George Routledge & Sons
Ltd, 1939.

3. Bruno Latour, etc., *Laboratory Life: The Social Construction of Scientific Facts*, Beverly
Hills and London: Sage, 1979.

4. Chalmers, T. C., *The Control of Bias in Clinical Trials*, In: *Clinical Trials: Issue and*

Approaches, New York: Marcel Dekker, 1983.

5. Czrson, T. , ets. , *Research Ethics*, University Press of New England, Hanover, Ibid, 1997.

6. Derek John de Solla Price, *Little Science*, *Big Science*, New York: Columbia University Press, 1963.

7. Edward J. Hackett, *Perspective on Scholarly Misconduct in the Sciences*, Ohio State University Press, 1999.

8. Eugenie Samuel Reich, *Plastic Fantastic: How the Biggest Fraud in Physics Shook the Scientific World*, published by Palgrave Macmillan in the US, 2009.

9. Gratzer Walter Bruno, *The Undergrowth of Science: Delusion, Self – Deception and Human Frailty*, Oxford: Oxford University Press, 2000.

10. Guston, D. , *Between Politics and Science: Assuring the Integrity and Productivity of Research*, Cambridge University Press, 2000.

11. Harvard University Faculty of Medicine, *Policy on Conflict Interest and Commitment*, Boston , Massachusetts, 1990.

12. IOM (Institution of Medicine), *Conflict of Interest in Medical Research, Education and Practice*, Washington DC: The National Academic Press, 2009.

13. John Hopkins, *University School of Medicine , Policy on Conflict of Commitment and Conflict of Interest*, Baltimore , Maryland , 1989 .

14. Kennth Page Oakley, *Frameworks for Dating Fossil Man*, Transaction Publishers, 1966.

15. Krimsky, S. , *Science in the Private Interest: Has the Lure of Profits Corrupted Biomedical Research*, Rowman & Littlefield Publishers, Inc, 2003.

16. Mary Jo Nye, *Science in the Province: Scientific Communities and Provincial Leadership in France* 1860 – 1930, California: University of California Press , Berkeley and Los Angeles, 1986.

17. Merton, R. K. , *The Sociology of Science: Theoretical and Empirical Investigations*, Edited by Norman Storer, Chicago: University of Chicago Press, 1973.

18. Miles Russell, *The Pitdown Man Haxo: Case Closed* , The History Press, 2013.

19. Quine, W. V. , Ullian, J. S. , *The Web of Belief* , New York: Random House, 1970.

20. *Statement of Policy on Faculty Responsibility to the University* , New York University,

December 10，1984.

21. Weiner，J. S.，*The Pitdown Forgery*，Oxford University Press，USA，2004.

22. Zuckerman，H.，*Sociology of Science in Handbook of Sociology*，Newbury Park，Calif，Sage Publications，1988.

（二）期刊

1. American Medical Association，"Report of the Council on Scientific Affairs and Council on Ethical and Affairs：Conflict of Interest – Medical Center – Industry Research Relationships"，*JAMA*，1990（263）.

2. Barbara Culliton，"Scientist Confront Misconduct"，*Science*，September 10，1988.

3. Bernard Barber，"Resistance by Scientists to Scientific Discovery"，*Science*，1961（134）.

4. Bero，L.，"Accept Commercial Sponsorships"，*BMJ*，1999（319）.

5. Best D. Forging，"A New Relationship"，*Prepared Foods*，1987（156）.

6. Bruce Agnew，"Financial Conflicts get more Scrutiny in Clinical Trials"，*Science*，2000（289）.

7. Cole，S.，etc.，"Chance and Consensus in Peer Review"，*Science*，1981（214）.

8. David Blumenthal，etc.，"Withholding Research Results in Academic life Science：Evidence from a National Survey of Faculty"，*JAMA*，1997（15）.

9. David P. Hamiton，"OSI：Better the Devil You Know?"，*Science*，1992（255）.

10. Deborah Barnes，Lisa Bero，"Why Review Articles on the Health Effect of Passive Smoking Reach：Different Conclusions"，*JAMA*，1998（19）.

11. Defining Misconduct，"Opinion of Nature"，*Nature*，1992（30）.

12. Dennis F. Thompson，"Unders Tanding Financial Conflicts of Interest"，*New England Medicine Journal*，1993（329）.

13. Eric Campell，etc.，"Data Withholding Academic Genetics：Evidence from a National urvey"，*JAMA*，2002（4）.

14. Francoise Baylis，"For Love or Money? The Saga of Korean Women who Provided Eggs for Embryonic Stem cell Research"，*Theoretical Medicine and Bioethics*，September，Volume 30，Issue 5，2009.

15. John Ziman，"Why must Scientists Become more Ethically Sensitive than They Used to be?"，*Science*（282）.

16. Jules V. Hallum, Suzanne W. Hadly, "NIH Office Scientific Integrity: Polices and Procedure", *Science*, 1990 (4974).

17. Klotz, I. M., "The N – ray Affair", *Scientific American*, 1980 (5).

18. Michael J. Mahoney, "Publication Prejudices: An Experimental Study of Confirmatory Bias in the Peer Review System", *Cognitive Therapy and Research*, 1977 (1).

19. Merton, R. K., "Social Structure and Anomie", *American Sociological Review*, 1968 (3).

20. Merton, R. K., "The Matthew Effect in Science", *ISIS*, 1988 (79).

21. Peters, D. P., Ceci, S. J., "A Manuscript Masquerade", *Science*, September, 1980.

22. Relman, A. S., "Dealing with Conflicts of Interest", *New England Journal of Medicine*, 1984 (310).

23. Richard, F., "The Role of the University: Leveraging Talent, Not Technology", *Issues in Science and Technology*, 1999 (6).

24. Robert Williams Wood, "The N – Rays", *Nature*, 1904 (70).

25. Smith, R., "Editorial: Beyond Conflict of Interest: Transparency is the Key", *British Medical Journal*, 1998 (317).

26. Stu Borman, "Misconduct in Science Augmenting Traditonal Safeguards Urged", *Chemistry & Engineering News*, April 27, 1992.

27. "The Legacy of the Hwang Case: Research Misconduct in Biosciences", *Science and Engineering Ethics*, Volume 15, Issue 4, 2009.

28. Thompson, D. F., "Understanding Financial Conflict of Interest", *The New England Journal of Medicine*, 1993 (8).

29. Van der Waerden, B. L., "Mendel's Experiments", *Centaurus*, 1968 (12).

30. Zuckerman, H., "Norms and Deviant Behavior in Science", *Social Science and Medicine*, 1984 (1).

(三) 报纸

1. Andrew Pollack, "Beating a Path to Fusion's Door", *The New York Times*, April 28, 1989.

2. Clive Cookson, "Fusion Find Revolutionizes Energy", *Financial Times of London*, *The Financial Post* (*Toronto, Canada*), March 24, 1989.

3. "Community Financial Services Bank", *New Energy Times*, May 7, 1994.

4. David Kramer, "DOE Labs Advise Hill: Wait On Cold Fusion", *Inside Energy with Federal Lands*, May 1, 1989.

5. Department of Health and Human Service, "Responsibilities of Awardee and Applicant Institutions for Dealing with and Reporting, Misconduct in Science: Final Rule, 42CFR Part50, Subpart A", *Federal Register*, August 8, 1989.

6. Edmund Newton, "Burst of Energy but No Fusion in Caltech Labs", *Los Angeles Times*, May 21, 1989.

7. George Johnson, "IDEAS & TRENDS: On Fusion, the Chemists Have the Ball Now", *The New York Times*, May 7, 1989.

8. Jerry E. Bishop, "New Evidence Supports Fusion Finding Made by Less Controversial Utah Group", *The Wall Street Journal*, May 25, 1989.

9. Jerry E. Bishop, "Texas Group Reports More Signs Of 'Cold Fusion' at U. S. Meeting", *The Wall Street Journal*, May 24, 1989.

10. John Noble Wilford, "Fusion Furor: Science's Human Face", *The New York Times*, April 24, 1989.

11. Malcolm W. Browne, "Physicists Challenge Cold Fusion Claims", *The New York Times*, May 2, 1989.

12. Philip J. Hilts, "Fusion Researcher Admits Error", *The Washington Post*, May 10, 1989.

13. Robert H. Ebert, "A Fierce Race Called Medical Education", *The New York Times*, July 9, 1980.

14. "The Utah Fusion Circus", *The New York Times*, April 30, 1989.

15. Thomas H. Maugh II, "Vindication Comes to Fusion's Silent Man", *Los Angeles Times*, May 30, 1989.

16. William J. Broad, "Georgia Tech Team Reports Flaw In Critical Experiment on Fusion", *The New York Times*, April 14, 1989.

17. William E. Schmidt, "Utah, Thinking of Fusion, Dreams of Gold", *The New York Times*, April 21, 1989.

责任编辑：韦玉莲

封面设计：姚　菲

图书在版编目（CIP）数据

科学造假的内在动因探析/梁帅著．—北京：人民出版社，2020.3

ISBN 978－7－01－021751－2

Ⅰ．①科… Ⅱ．①梁… Ⅲ．①科研活动－研究 Ⅳ．①G311

中国版本图书馆 CIP 数据核字（2019）第 297519 号

科学造假的内在动因探析

KEXUE ZAOJIA DE NEIZAI DONGYIN TANXI

梁　帅　著

人 民 出 版 社 出版发行

（100706　北京市东城区隆福寺街99号）

天津文林印务有限公司印刷　新华书店经销

2020 年 3 月第 1 版　2020 年 3 月北京第 1 次印刷

开本：710 毫米×1000 毫米 1/16　印张：13.75

字数：210 千字

ISBN 978－7－01－021751－2　定价：48.00 元

邮购地址　100706　北京市东城区隆福寺街 99 号

人民东方图书销售中心　电话（010）65250042　65289539